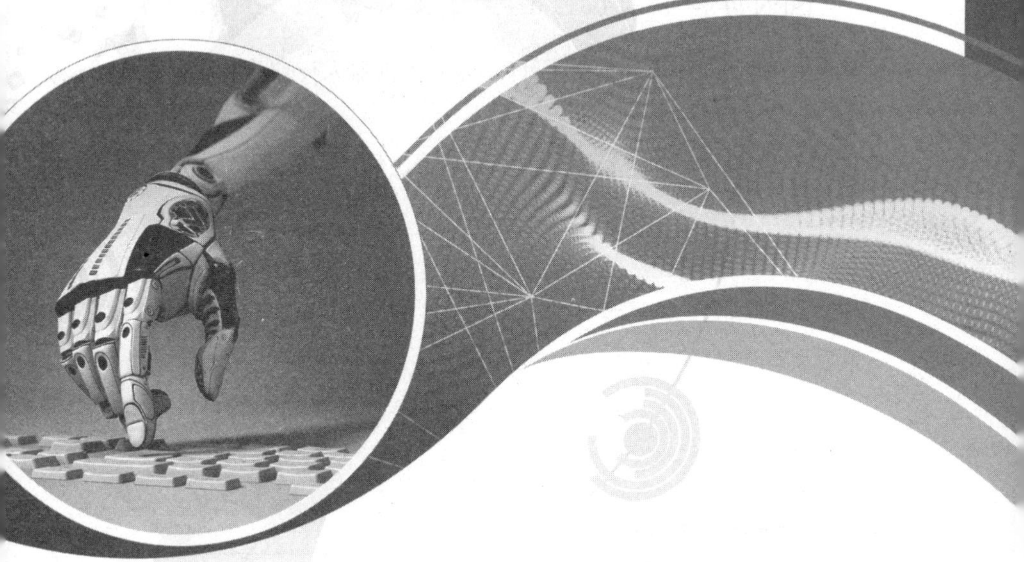

徐红丽 著

机器人技术的应用与研究

JIQIREN JISHU DE YINGYONG YU YANJIU

江苏大学出版社
JIANGSU UNIVERSITY PRESS
镇 江

图书在版编目(CIP)数据

机器人技术的应用与研究 / 徐红丽著. — 镇江 ：江苏大学出版社，2019.12
ISBN 978-7-5684-0642-0

Ⅰ. ①机… Ⅱ. ①徐… Ⅲ. ①工业机器人—研究 Ⅳ. ①TP242.2

中国版本图书馆 CIP 数据核字(2019)第 284050 号

机器人技术的应用与研究

著　　者/徐红丽
责任编辑/张小琴
出版发行/江苏大学出版社
地　　址/江苏省镇江市梦溪园巷 30 号(邮编：212003)
电　　话/0511-84446464(传真)
网　　址/http://press.ujs.edu.cn
排　　版/镇江市江东印刷有限责任公司
印　　刷/句容市排印厂
开　　本/787 mm×1 092 mm　1/32
印　　张/4.5
字　　数/168 千字
版　　次/2019 年 12 月第 1 版　2019 年 12 月第 1 次印刷
书　　号/ISBN 978-7-5684-0642-0
定　　价/28.00 元

前　言

机器人的英文单词是 robot，这一词最早出现在 1920 年捷克作家卡雷尔·卡佩克（Karel Capek）所写的一个剧本中，该剧本的名字为 *Rossum's Universal Robots*，中文意思是"罗萨姆的万能机器人"。剧中的人造劳动者取名为 Robota，捷克语的意思是"苦力""奴隶"。英语中的 robot 一词就是由此而来的，此后世界各国都用 robot 作为机器人的代名词。

1954 年，美国的德沃尔（G. C. Devol）发表了"通用机器人"专利；1960 年，约瑟夫·英格伯格的美国"联合控制公司"（Consolidated Control）利用 Devol 的专利技术，研制出第一台真正意义上的工业机器人，并成立 Unimation 公司，开始定型生产名为 Unimate 的工业机器人，开启了机器人生产的篇章。

20 世纪 70 年代，随着计算机技术、现代控制技术、传感技术、人工智能技术的发展，机器人也得到了快速的发展。1974 年，Cincinnati Milacron 公司成功开发了多关节机器人；1979 年，Unimation 公司又推出了 PUMA 机器人，它是一种多关节、全电机驱动、多 CPU 二级控制的机器人，采用 VAL 专用语言，可配视觉、触觉、力觉传感器，是当时技术最先进的工业机器人。现在的工业机器人在结构上大体都以此为基础。

进入 20 世纪 80 年代，随着传感技术，包括视觉传感器、非视觉传感器（力觉、触觉、接近觉等）、信息处理技术的发展，出现了第二代机器人——有感觉的机器人。它能够获得作业环境和作业对象的部分相关信息，进行一定的实时处理，引导机器人进行作业。第二代机器人已进入实用化阶段，在工业生产中得到了广泛应用。目前已出现第三代“智能机器人”，它不仅具有比第二代机器人更加完善的环境感知能力，而且还具有逻辑思维、判断和决策能力，可根据作业要求与环境信息自主地进行工作。

机器人主要分为工业机器人和服务机器人。工业机器人是面向工业领域的多关节机械手或多自由度的机器装置，它能自动执行工作，是靠自身动力和控制能力来实现各种功能的一种机器。它可以接受人类指挥，也可以按照预先编好的程序运行。现代的工业机器人还可以根据人工智能技术制定的原则纲领行动。服务机器人是除从事工业生产以外的，为人类健康或设备良好状态提供有帮助服务的一种机器人。国际机器人联盟（IFR）根据服务机器人应用场景的不同，将服务机器人分为专业领域服务机器人和个人/家庭服务机器人。

根据相关媒体最新发布的数据，2023 年中国机器人市场规模预计将达到 1098 亿美元（约合 7750 亿元人民币），占全球机器人市场总和的 42.1%。同时，全球机器人十大趋势预测也显示，人工智能、工业 5G、数字连通、移动协作等技术将会主导未来机器人产业的发展。机器人产业作为“中国制造 2025”战略的重点领域之一，近几年迎来了飞速发展，推动着各行各业的数字化转型和产业升级。随着机器人技术的进步和行业应用的普及，未来机器人必将走向“群体智能、互联互通、自主移动、人机共融”的发展道路，继续为国民经济的发展、各行各业生产力和生产效率的提升带来极大的促进作用。

本书将笔者多年来在机器人技术方面的科研成果集结成册，既有工业机器人方面的研究，也有医疗服务机器人的研究；既有串联式关节机器人的研究，也有并联机器人的研究。本书的撰写与出版得到了中国高等教育学会“十三五”高等教育科学研究重大攻关项目子课题（16ZG004 - 29）、2017 年江苏省信息化课题（20172010）及江苏省产学研合作—前瞻性联合研究项目（BY2016031 - 03）的资助，特此感谢。

由于本人能力有限，书中难免有不妥之处，希望得到同行们的批评指正！

著 者

2019 年 8 月 28 日

中国·常州

目　录

第一篇　串联机器人技术的应用与研究

第二篇 并联机器人技术的应用与研究
——以新型激光切割并联机床为例

第一篇　串联机器人技术的应用与研究

串联机械手是最早应用于工业生产的机器人，是由刚度很高的杆通过转动或移动关节联接，从而形成的开式链，因此称为串联机器人。随着现代计算机技术、传感技术、控制技术和人工智能的飞速发展，串联机器人也得到了突飞猛进的发展。

将机器视觉应用到工业机器人上，各种视觉图像为机器人提供了十分需要的外界信息，明显推动了机器人在自主移动和机械臂准确定位技术方面的实质性提高，使工业机器人在高智能、高柔性生产线上的应用得到了保证，是当今机器人研究的一个热点。将计算机视觉和图像处理技术应用于机器人本体系统，可以提高机器人的工作效率和对环境的适应能力，并进一步拓展机器人的应用范围。

本篇第 1 章为自主研发的焊接机器人，有 6 个自由度，便于灵活地接近焊接点，同时可防止奇异点的产生，保证机构的稳定性。利用工业高精度镜头将工件的光学特征反映到相机的 CCD 镜头上，通过图像识别算法对焊缝进行识别和定位。在智能机器视觉系统基础上，实现高速视觉采集、图像预处理、特征提取与识别、目标定位一体化，提升硬件处理能力。实际测试表明，该焊接装配机器人性能稳定、执行效率高，在焊接点位置随机和工件轮廓不规则的情况下均能高精度地完成焊接过程，保证其高精度、高效率和高稳定性。

机器人分为工业机器人和服务机器人，其中服务机器人中最为广泛应用的是手术机器人。外科手术机器人始于 20 世纪 80 年代中期。1985 年 4 月 11 日，在美国加州纪念医疗中心，第一个记录在案的用于医疗过程的机器人是 PUMA 200，在计算机的指导下进行神经外科活检。机器人被用来帮助外科医生定位钻头和活检探头。与当时使用的传统立体定向脑外科技术相比，该手术达到了更高的精确度，持续时间也更短。但是由于 PUMA200 本身是一台工业机器人，未能满足外科医生对手术机器人的要求，因而并未得到广泛应用。

随着科学技术的不断发展，专门为外科医生设计的手术机器人逐渐出现。由于手术机器人引起的创伤小、精度高、恢复快，因此其深得医生和患者的喜爱，且在外科手术中的应用越来越普遍。

机器人辅助手术作为一种先进的外科技术，给临床带来了一场彻底的变革。它首次应用于几乎所有腹部区域，并很快在妇产科、泌尿系统、消化系统、脾脏、肾上腺等方面显示出明显的优势。微创手术和机器人辅助微创手术在腹部手术中的应用都是最早和最广泛的，因此腹部手术机器人是目前研究的主要领域。随着腹部机器人手术的成功，外科机器人开始被广泛应用于临床。

目前，机器人辅助手术系统在世界范围内广泛应用，包括腹腔镜、胃肠、神经、心血管、耳鼻喉科、玻璃体视网膜、泌尿外科、骨科等各种外科手术中。它将计算机技术与信息、控制、传感器、三维视觉技术融为一体，提高了手术的灵活性、准确性和微创性，同时减少了患者的创伤，提高了临床效果。

根据 Winter Green Research 数据统计，全球手术机器人的市场在 2014 年达到 32 亿美元左右，2018 手术机器人市场在 90 亿美元左右，每年的复合增长率为 30% 左右，预计到 2021 年全球机器人市场将达到 200 亿美元左右。面对世界各国蓬勃发展的手术机器人产业，我们也不甘落后。2015 年 5 月，国务院正式发布“中国制造 2025”，提出重点发展医用机器人等高性能诊疗设备，积极研发新产品，促进医疗机器人标准化、模块化发展，大力扩展市场应用。

随着 5G 技术和人工智能技术的到来，外科手术机器人必将朝着更加智能化、轻量化、个性化和实时远程化方向进一步发展。

第 1 章　基于动态视觉引导的焊接机器人

1.1　绪论

将机器视觉应用到工业机器人上后，各种各样的视觉图像为机器人提供了十分重要的外界信息，明显推动了机器人在自主移动和机械臂准确定位技术方面的实质性提高，使工业机器人在高智能、高柔性生产线上的应用得到了保证，是当今机器人研究的一个热点。

为了提高机器人所做的一系列动作的智能水平，使其具备智能化移动和焊接的功能，关键是使机器人对环境目标具备一定的认知能力，通过感知环境目标确定自身的行动，使其不需运动接触即可对环境目标实现焊接等动作，因此视觉图像系统已成为提高机器人智能化的一个较为热门的方向。将计算机视觉和图像处理技术应用于机器人本体系统，可以提高机器人的工作效率和对环境的适应能力，并进一步拓展机器人的应用范围。

该自主研发的焊接机器人有六个自由度，便于灵活地接近焊接点，同时可防止奇异点的产生，保证机构的稳定性。利用工业高精度镜头将工件的光学特征反映到相机的 CCD 镜头上，通过图像识别算法对焊缝进行识别和定位。在智能机器视觉系统基础上，实现高速视觉采集、图像预处理、特征提取与识别、目标定位一体化，提升硬件处理能力。控制系统以 DMC5400 为核心，用 MFC 来开发软件，完成了多轴运动轨迹优化与伺服控制关键，并实现了自动控制及手动控制两种模式。实际测试表明，该焊接装配机器人性能稳定、执行效率高，在装配点位置随机和工件轮廓不规则的情况下均能高精度地完成装配过程，保证了其高精度、高效率和高稳定性。

机器视觉是一门涉及人工智能、神经生物学、心理物理学、计算机科学、图像处理、模式识别等诸多领域的交叉学科。近年来，随着人工智能、计算机科学和信息技术的不断发展，机器视觉在工农业生产和人民生活中得到了广泛的应用。尤其在工业生产中，机器视觉广泛应用于汽车、电子、纺织等领域。在我国，随着劳动力成本的逐年上升和工业自动化的需求，对于基于机器视觉的机器人的需求量必将大幅增长。

焊接机器人是工业机器人中使用最早和应用最多的类型之一。从其发展过程来看，可以分为三个阶段：第一阶段，示教再现阶段。机器人将人工示教所获得的轨迹存储在寄存器中，在焊接过程中，焊接机器人按照该轨迹运行。该阶段焊接机器人采用的是开环控制系统，没有反馈控制，所以柔顺性和鲁棒性差，但是结构简单，操作方便，不受工厂恶劣环境的影响，因此得到了广泛的应用。第二阶段，传感器机器人阶段。随着传感器技术的发展，焊接机器人具有了一定的感知能力，实现了一定的反馈控制，其柔顺性和鲁棒性得到了一定的改善，但是缺乏自适应跟踪。第三阶段，智能型焊接机器人阶段。随着机器视觉理论的发展，焊接机器人拥有了像人类一样的视觉，通过视觉不仅能够快速感知外部信息，而且能够自动适应环境变化，选择不同的算法，判断焊缝的位置，不断调整焊枪，以保证最佳的焊缝质量。因此，开发一款基于机器视觉的焊接机器人具有广泛的市场前景。

从实际需要看，随着我国工业高速发展，如汽车、电子产品、航空航天领域等对焊接机器人需求迫切，同时也对其智能性和精确度提出更高的要求。综上所述，本章内容对建立我国高端机器人关键技术的自主知识产权、提升工业自动化水平具有重要意义，可为社会经济和企业的发展带来显著的经济效益。

1.2　焊接机器人的本体结构

机器人技术是一门集机械机构学、计算机控制技术、传感器技术等于一体的综合性学科。自 20 世纪 50 年代末工业机器人诞生以来,机器人技术得到了飞速发展。在国外,如日本、德国、美国等发达国家,工业机器人广泛应用于汽车、航空、电子、食品等领域。随着我国劳动力成本的不断增加,工业机器人也开始大量使用在劳动密集型企业,其中焊接机器人在汽车、船舶等行业得到广泛应用。

为适应工件在空间的六个自由度,该机器人采用六自由度结构,以保证可以在任何方向都能达到工件的任意一点,从而保证焊接质量。如图 1-1-1 所示,六自由度焊接机器人由底座、腰部、肩部、肘部、前臂、手腕、手部、焊枪夹持器和焊枪组成。机器人全部采用转动关节连接,腰部在底座上绕底座的垂直坐标轴 Z_0 转动,肩部在腰部上绕水平坐标轴 Z_2 转动,肘部在肩部上绕肩部的水平

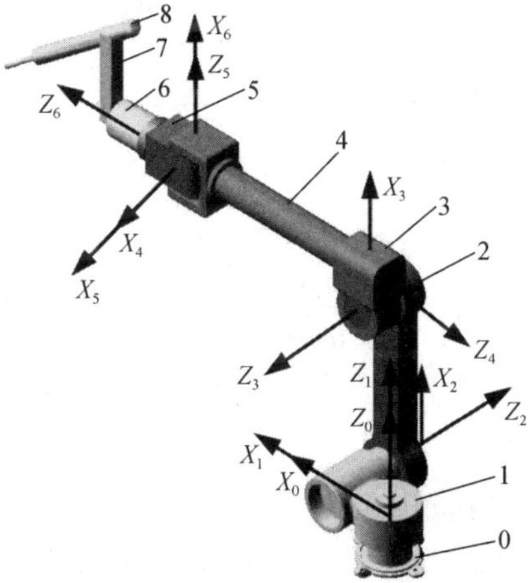

0—底座;1—腰部;2—肩部;3—肘部;4—前臂;

5—手腕;6—手部;7—焊枪夹持器;8—焊枪

图 1-1-1　焊接机器人原型

坐标轴 Z_3 转动，前臂在肘部上绕水平坐标轴 Z_4 转动，手腕绕垂直坐标轴 Z_5 转动，手部绕水平坐标轴 Z_6 转动，焊枪支架固定在手部的前端，焊枪固定在支架上。该焊接机器人的 6 个转动关节全部由交流伺服电机驱动，可以根据指令到达指定工作空间中的任意一点，动作准确、迅速，稳定性好，消除了人类因紧张和疲劳而产生的抖动现象，降低了工人的劳动强度，提高了劳动安全性和生产率，重复定位精度高，为提高焊接质量提供了有力的保障。

根据 D－H 法可确定图 1-1-1 所示六自由度焊接机器人各关节的初始位置参数及关节变量，并列入表 1-1-1 中。

表 1-1-1　六自由度焊接机器人的 D－H 表

序号	名称	关节变量 θ_i	d_i	a_{i-1}	α_{i-1}
1	腰部	θ_1	0	0	0
2	肩部	$\theta_2(\pi/2)$	d_2	a_1	$\pi/2$
3	肘部	$\theta_3(\pi)$	d_3	a_2	π
4	前臂	$\theta_4(\pi/2)$	d_4	0	$\pi/2$
5	手腕	θ_5	0	0	$\pi/2$
6	手部	$\theta_6(\pi/2)$	0	0	$\pi/2$

将表 1-1-1 中所列的连杆参数代入如下连杆变换矩阵通式：

$$^{i-1}\boldsymbol{T}=\begin{pmatrix}\cos\theta_i & -\sin\theta_i & 0 & a_{i-1}\\ \sin\theta_i\cos\alpha_{i-1} & \cos\theta_i\cos\alpha_{i-1} & -\sin\alpha_{i-1} & -d_i\sin\alpha_{i-1}\\ \sin\theta_i\sin\alpha_{i-1} & \cos\theta_i\sin\alpha_{i-1} & \cos\alpha_{i-1} & d_i\cos\alpha_{i-1}\\ 0 & 0 & 0 & 1\end{pmatrix},\tag{1-1-1}$$

即得到各个连杆变换矩阵：

$$^{0}\boldsymbol{T}_1=\begin{pmatrix}1 & 0 & 0 & 0\\ 0 & 1 & 0 & 0\\ 0 & 0 & 1 & 0\\ 0 & 0 & 0 & 1\end{pmatrix},\ ^{1}\boldsymbol{T}_2=\begin{pmatrix}0 & -1 & 0 & a_1\\ 0 & 0 & -1 & -d_2\\ 1 & 0 & 0 & 0\\ 0 & 0 & 0 & 1\end{pmatrix},$$

$$^{2}\boldsymbol{T}_3=\begin{pmatrix}1&0&0&a_2\\0&-1&0&0\\0&0&-1&-d_3\\0&0&0&1\end{pmatrix},\ ^{3}\boldsymbol{T}_4=\begin{pmatrix}0&-1&0&0\\0&0&-1&-d_4\\1&0&0&0\\0&0&0&1\end{pmatrix},$$

$$^{4}\boldsymbol{T}_5=\begin{pmatrix}1&0&0&0\\0&0&-1&0\\0&1&0&0\\0&0&0&1\end{pmatrix},\ ^{5}\boldsymbol{T}_6=\begin{pmatrix}0&-1&0&0\\0&0&-1&0\\1&0&0&0\\0&0&0&1\end{pmatrix}.$$

由获得的各连杆坐标系,可推知后一个连杆坐标系与前一个坐标系的相对位姿。例如,由连杆变换矩阵$^{3}\boldsymbol{T}_4$可知前臂相对于肘部的位姿:前臂的X_4轴与肘部的Z_3轴一致,前臂的Y_4轴与肘部的X_3轴的负方向同轴,前臂的Z_4轴与肘部的Y_3轴的负方向一致,前臂的坐标原点沿着的肘部Y_3轴负方向移动了d_4的距离。这与图 1-1-1 完全吻合,根据 D－H 法设置的坐标系的正确性得到了验证。

机器人末端相对于基坐标系的描述$^{0}\boldsymbol{T}_6$由各连杆坐标系依次相乘获得,即$^{0}\boldsymbol{T}_6={}^{0}\boldsymbol{T}_1\cdot{}^{1}\boldsymbol{T}_2\cdot{}^{2}\boldsymbol{T}_3\cdot{}^{3}\boldsymbol{T}_4\cdot{}^{4}\boldsymbol{T}_5\cdot{}^{5}\boldsymbol{T}_6$,可得

$$^{0}\boldsymbol{T}_6=\begin{pmatrix}0&0&1&a_1-d_4\\0&-1&0&d_3-d_2\\1&0&0&a_2\\0&0&0&1\end{pmatrix}.\qquad(1\text{-}1\text{-}2)$$

由式(1-1-2)可知,固定焊枪支架的手部坐标系相对于基座坐标系的关系如下:手部坐标系的X轴与基座坐标系的Z轴一致,手部坐标系的Y轴与基座坐标系的负Y轴一致,手部坐标系的Z轴与基座坐标系的X轴一致,手部坐标系的坐标原点沿基座坐标系的X轴平移了a_1-d_4,沿Y轴平移了d_3-d_2,沿Z轴平移了a_2。这与图 1-1-1 完全吻合,验证了末端关节位姿的正确性。

1.3 焊接机器人的视觉系统与焊缝自动跟踪

人类通过感觉器官来认知世界，其中视觉所占的比例达到80%。视觉再现焊接机器人已经能够帮助人们完成预先设定的焊接操作，随着对焊接质量的不断提高，对焊接机器人的自动化和智能化提出了更高的要求。如果焊接机器人能像人一样，具有了视力，就能够随着环境变化和对焊缝质量的识别，自动修正焊接轨迹，不断提高焊接质量。带有机器视觉的焊接机器人的研究已成为工业机器人应用的一个热门领域。

1.3.1 带视觉引导的焊接机器人系统结构

将图像识别技术与机器人运动控制技术结合，能够有效解决焊缝自动跟踪的难题。如图1-1-2所示，将摄像机和焊枪安装于机器人的末端执行器。开始焊接时，由摄像机获取待焊接工件的焊缝图像，经过工控机的计算，识别出焊缝位置，从而指引机器人按照正确的路径进行焊接。

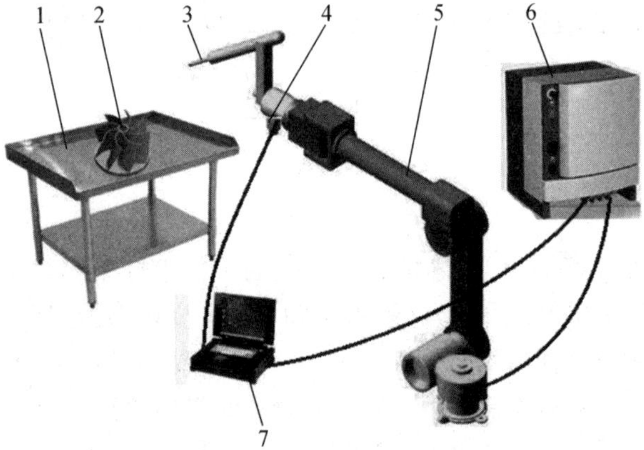

1—工作台；2—工件；3—焊枪；4—激光视觉传感器；5—机器人；6—控制柜；7—工控机

图1-1-2 视觉引导的焊接机器人系统

在深度学习、模式识别、计算机视觉迅速发展的今天，焊接机器人的智能化研究得到逐步推广并大规模应用，而激光结构光传感器具有结构简单、精度高、体积小等特点，广泛应用于机器人焊接的焊缝跟踪领域。典型的激光视觉传感器的组成如图 1-1-3 所示。其工作原理为：激光发生器发出一定波长的光经过柱面透镜折射后，形成线性结构光投射到工件上的焊缝表面，从而形成有一定宽度的光带，经过折射和散射后本应通过镜头进入 CCD 相机成像，但是由于电焊弧光的影响，成像会出现一片白，因而在镜头前加装对应于激光波长的窄带滤波片，从而使摄像机拍到一段含有焊缝信息的激光条纹，最下端用玻璃板保护传感器，有效防止焊接飞溅物和灰尘进入传感器内部，同时不影响图像采集。激光的单色性、方向性和相干的激光在焊接过程中容易分辨出干涉条纹和噪声，同时焊缝处结构光变形的像素结构特征有利于特征点的检测和定位，从而更有可能获得更佳的图像。

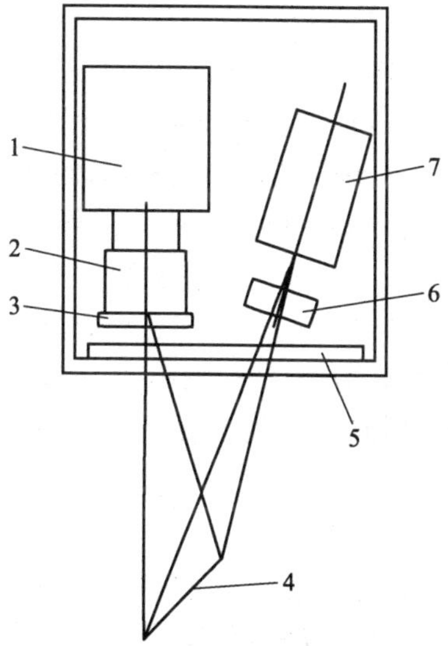

1—CCD 相机；2—镜头；3—窄带滤波片；4—线性结构光；5—玻璃；
6—柱面透镜；7—激光发生器

图 1-1-3　激光视觉传感器的组成

1.3.2 基于图像处理的焊缝自动跟踪

焊接过程中由于受到光、噪声等内外因素的影响，采集到的图像不能满足要求。因此，利用线性结构光获取清晰可靠的焊缝图像是机器视觉系统成功的关键，即机器视觉系统的成功主要依赖于图像处理技术。焊接过程中焊缝跟踪的图像处理主要分为图像预处理和图像识别。

1）图像预处理

图像预处理是相对于图像识别等后续处理而言的图像预备处理，其目的是去除图像中的无关信息，增强和恢复有用信息，主要是完成图像的数字化、增强、复原、平滑等处理。在焊接过程中由于弧光、飞溅、电磁干扰等因素的影响，图像会存在大量的噪声，因此在图像识别之前，首先需要去除图像中的干扰信息，即图像去噪；其次要突出图像中的有用信息，如边界等，即需要进行图像增强，以便于下一步特征的提取。

图像预处理主要是选择合适的滤波器来去除或唤醒噪声，通常采用基于线性和非线性的滤波技术。线性滤波技术，即均值滤波，包括邻域均值滤波、加权均值滤波和选择掩码滤波。选择掩码滤波比其他两种方法更好地保留了边界信息，避免了边界模糊现象。对于非线性滤波，中值滤波在去除椒盐噪声和脉冲干扰方面有很好的性能，但对于点、线、尖顶等细节较多的图像则不适用。可利用低通滤波器在频域内去除图像中的噪声，并利用高通滤波器对边缘进行增强处理，使边缘更加清晰。根据焊接过程的噪声特点，建议采用平均滤波法 + 高通滤波器。

2）图像识别

人类辨识物体通常分两步，即先将物体从背景中区分出来，再认知物体的细节，辨认出事物的轮廓。机器视觉正是模仿人类视觉的原理，因而图像识别主要包括边缘检测算法和图像特征的提取。

（1）边缘检测算法

边缘是周围灰度强度急剧变化的点，所以边缘检测算法主要是基于图像增强的原理,将邻域显著变化的点突出来。常用的边缘检测算法有梯度算子、Roberts 算子、Sobel 算子、Prewitt 算子、LOG 算法、Canny 算子等。其中,梯度算子、Roberts 算子、Sobel 算子、Prewitt 算子都是基于图像强度的一阶导数。梯度算子和 Roberts 算子定位精度高,对噪声较为敏感;Sobel 算子和 Prewitt 算子对噪声有平滑作用,但是定位精度不高。以下主要介绍 LOG 算法和 Canny 算子。

① LOG 算法是一种基于二级导数的边缘检测算法。由于拉普拉斯二阶导数算子的弱点是对噪声很敏感,因而需要先行滤波去噪,再用拉普拉斯锐化,所以 LOG 算法就是高斯滤波 + 拉普拉斯边缘检测综合作用的结果。

先用高斯函数 $G(x,y)$ 对二维函数图像 $f(x,y)$ 进行平滑处理,获得平滑后的函数 $f_s(x,y)$,即

$$f_s(x,y)=f(x,y)\times G(x,y). \tag{1-1-3}$$

其中,$G(x,y)=\frac{\partial^2 G}{\partial x^2}+\frac{\partial^2 G}{\partial y^2}=\frac{1}{\pi\sigma^2}\left(\frac{x^2+y^2}{\sigma^2}-1\right)\exp\left(-\frac{x^2+y^2}{2\sigma^2}\right)$;$\sigma$ 为高斯分布的均方差。

再对平滑后的函数做拉普拉斯变换,得

$$\begin{aligned}h(x,y)&=\nabla^2 f_s(x,y)=\nabla^2[f(x,y)\times G(x,y)]\\&=f(x,y)\times\nabla^2 G(x,y).\end{aligned} \tag{1-1-4}$$

σ 越大,平滑作用越明显,去噪效果越好,图像丢失的信息越大,边缘精度越低。所以要平衡边缘定位精度和去噪强度间的矛盾。

② Canny 算子是一阶导数边缘算法中效果最好的算子之一。该方法用两个阈值来检测弱边缘和强边缘,因而不受噪声的干扰,能检测出真正的弱边缘。

与 LOG 算法相同,对 $f(x,y)$ 先进行平滑处理获得平滑后的函数 $f_s(x,y)$,然后以带方向的一阶微分算子定位导数最大值。最后用双阈值算法确定边缘:$\tau_2=2\tau_1$。其中,τ_2 决定边缘,梯度值大于 τ_2 的肯定是边缘;τ_1 追踪边缘断线,小于 τ_1 的肯定不是边缘;而介

于两者之间的,需视邻近像素的阈值高低来决定。

最后,对输入图像进行对数滤波,然后用 Canny 算子对边缘图像进行阈值处理,得到清晰的激光条纹。

(2) 图像特征的提取

激光条纹中心(简称光条中心)提取的精度和处理速度会直接影响整个焊缝特征信息的处理精度与处理速度。光条中心的提取是焊缝特征信息提取的关键之一。焊缝跟踪任务中,结构光焊缝坡口高质量成像和根据坡口图像特征设计有效的中心定位算法是关键所在。

在基于结构光的视觉系统中,光条中心的提取是图像特征提取的关键之一。如图 1-1-4 所示,工件是图 1-1-4a 所示去掉盖子的涡轮,需要将涡轮叶片焊接到底板上。叶片与底板采用角焊进行焊接,希望得到图 1-1-4b 所示的焊缝。图像特征提取的任务就是获得焊缝的中心线。当线性结构光投射在焊缝上时,激光条纹的转折点正对应焊接坡口中心,图 1-1-4c 所示箭头指向,正是我们需要提取的特征点。国内外学者对其进行了大量的研究,得到了许多方法,如骨架细化法、几何中心法、极值法、灰色重心法、Steger 算法等。

通过霍夫变换拟合两个线性方程,线性方程的交点为焊缝中心点,从而获得我们需要提取的特征点。

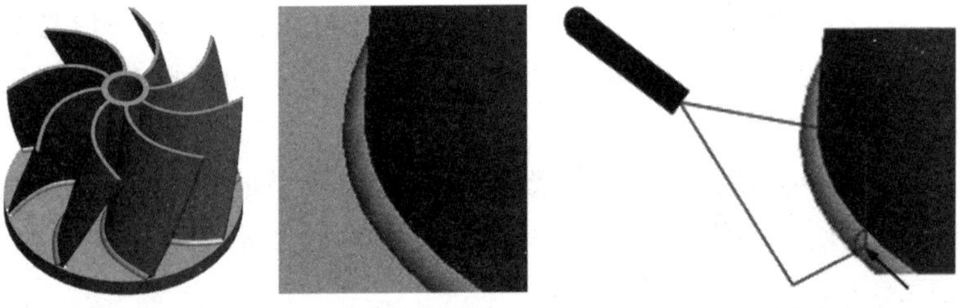

(a) 工件　　(b) 焊缝放大图　　(c) 激光线相交点

图 1-1-4　特征点提取系统图

1.4 结论

本章论述了具有机器视觉的六自由度焊接机器人的研制，详细描述了机器人的本体结构。由于焊接电弧光、飞溅物、烟尘和激光的反射和散射等因素的影响，焊接作业是一个复杂多变的过程。通过选择合适的图像处理算法对图像进行去噪、边缘检测和特征提取，取得了较好的效果。未来，随着以模糊控制和神经网络控制为代表的人工智能的发展，焊接过程必将朝着越来越自动化、智能化的方向发展。

第 2 章　外科手术机器人

2.1　绪论

随着科学技术的不断发展，手术机器人因引起的创伤小、精度高、恢复快而深得医生和患者的喜爱，在外科手术中的应用越来越普遍。

外科手术机器人始于20世纪80年代中期。自1985年4月11日，在美国加州纪念医疗中心用 PUMA 200 机器人进行了第一例机器人辅助神经外科活检手术以来，外科手术机器人得到了迅猛的发展。以 AESOP、Zeus 和 da Vinci 系统为代表的微创手术机器人得到了医学界和科技界的广泛关注。随着计算机技术、控制技术、传感器技术、三维视觉技术的飞速发展，以 da Vinci 手术系统为代表的微创手术机器人成为引领国际微创手术机器人的先锋。

目前，机器人辅助手术系统在世界范围内广泛应用，包括腹腔镜、胃肠、神经、心血管、耳鼻喉科、玻璃体视网膜、泌尿外科、骨科等各种外科手术中。它将计算机技术与信息、控制、传感器、三维视觉技术融为一体，提高了手术的灵活性、准确性和微创性，同时减少了患者的创伤，提高了临床效果。

根据 Winter Green Research 数据统计，全球手术机器人的市场规模在 2014 年达到 32 亿美元左右，在 2018 年达到 90 亿美元左右，每年的复合增长率为 30% 左右，预计到 2021 年全球机器人市场规模将达到 200 亿美元左右。面对世界各国蓬勃发展的手术机器人产业，我们也不甘落后。2015 年 5 月，国务院正式发布《中国制造2025》，提出重点发展医用机器人等高性能诊疗设备，积极研发新产品，促进医疗机器人标准化、模块化发展，大力扩展市场应用。

随着5G技术和人工智能技术的到来，外科手术机器人必将朝着更加智能化、轻量化、个性化和实时远程化方向进一步发展。

机器人辅助手术作为一种先进的外科技术，给临床带来了一场彻底的变革。本章首先回顾外科手术主要经历的三个阶段，尤其详细论述手术机器人的发展和各阶段的标志性产品；然后基于机器人辅助手术在腹部区域的明显优势，分析手术机器人在泌尿系统、妇产科、消化系统等腹部区域的应用；此外基于mathematica软件建立一个七自由度手术机器人的模型，并对其运动学特性进行研究；最后分析当前手术机器人的局限性，预测其未来的发展趋势。

2.2　外科手术机器人的发展与分类

2.2.1　外科手术的发展阶段

在医疗行业，目前外科手术是最重要的治疗手段之一。众所周知，现代外科手术是因克服了出血、疼痛和感染三大主要障碍而得以快速发展的，主要经历了三个阶段，即开放式手术阶段、微创手术阶段和机器人辅助手术阶段。每个阶段都取得了里程碑式的进步。

1）开放式手术阶段

19世纪中期，随着三大医疗障碍的消失，外科医生们掌握了更为复杂和精湛的技术，从切除腹部坏死器官到切除头部肿瘤，甚至缝合细小血管，每一次尝试都带来了一些创造性的治疗和发现。最初在医学界一直保持沉默的外科医生们几乎每个月都会报道新的治疗方法。除了手术方法发展迅速外，外科医生本身也越来越专业，手术也越来越专业化。美国为麻醉师、整形外科医生、神经外科医生、泌尿科医生和其他专科医生成立各种各样的国家级外科医生协会。1917 年,美国外科医生学会建立了医院标准化计划,使医院成为为病人提供安全有效手术的场所。与此同时,外科医生建立了详细的培训方案,必须在临床严格训练数年,因此外科手术变得越来越标准化。

经过 20 世纪之交的繁荣期,外科手术进入一个稳定的发展阶段。直到 20 世纪中叶,各种心脏手术成功进行,人与人之间的器官移植也得以进行,甚至现在可以在实验室中植入自己细胞克隆的器官。外科技术正在创造一个又一个的奇迹。但在最近几十年,外科领域更注重将其作为帮助人们长寿和健康生活的必要工具。如今,外科医生的手术清单中有 2500 多种不同的手术类型。

2) 微创手术阶段

随着先进器械的出现,外科手术模式从传统的开放式手术转向微创手术。事实上,在德国的普外科医生 Erich Muhe Boblingen 教授于 1985 年 9 月 12 日进行第一例腹腔镜胆囊切除术之前,妇科医生使用腹腔镜辅助作为辅助诊断仪器已经很多年了。手术中使用 3 个重要的精密仪器——腹腔镜、血管夹和手枪柄剪刀。随着该技术被普外科医生的接受,仪器的质量和光学的复杂性迅速得到提高,从透镜系统到硅芯片相机,再到高分辨率电视显示器,确保了外科医生们的操作舒适性。

微创手术的本质, 以腹腔镜为例,外科医生使用至少 3 个长而硬的工具,插入病人几个大约 10 毫米的切口接近病灶组织,从而将超过 10 厘米的手术创伤减小到十几毫米,甚至 5 毫米,所以微创手术是通过减小病人创伤,从而保证病人快速恢复,降低住院费用。骨盆和腹部解剖的放大视图,允许外科医生操作更复杂的动作,减少气腹压力引起的出血,使手术更干净。全面评估上腹部的阔韧带和腹腔后部凹陷可以提供更精确和更安全的治疗。腹腔镜手术的成功甚至导致对许多长期被接受的外科理论的重新评估。某些治疗标准,如术后指南或饮食限制,以及手术习惯,如肝下引流管的放置或 T 管的使用,都已被修改。有许多报告描述了腹腔镜治疗胰腺癌、卵巢癌、胃癌和结肠癌。此外,胸腔镜已经用于肺癌和食管癌的治疗。在20世纪的最后15年里,微创手术在临床手术中的应用越来越广泛,覆盖了几乎所有的腹部区域和一些胸部区域。

3)机器人辅助手术阶段

首先,传统的微创手术,以套管针作为长柄机械手限制了外科医生的手腕关节,降低了医生手的灵巧性。其次,利用一个间接的二维显示器来传输来自腹腔镜摄像机的视觉反馈,将视觉和手的动作分开,从而影响了外科医生的手眼协调性。最后,缺乏触觉和力的反馈也会影响外科医生的感知能力。

微创手术操作范围的狭小限制了外科手术机器人的发展。随着机器人辅助管理信息系统的出现,微处理器控制的机械手腕关节提高了动作的灵活性,允许图像的缩放和动作的消振。进一步增强的三维(3D)视觉和术中图像引导系统改善了临床中的应用,确保更好的手术安全性和一致性。

事实上,在20世纪70年代早期,乔治·布什宣布美国打算将人类送上火星,美国国家航空和宇宙航行局(NASA)艾姆斯研究中心为最终可能需要外科干预远离医院的宇航员这一项目提供资金支持。此外,美国国防部长期以来一直致力于改善对前线受伤士兵的护理。在战斗中发生的危及生命的伤害如果能够立即实施手术治疗,可能是可以挽救生命的。因此,当时就有人提出了机器人远程手术的概念,但商业手术机器人直到20世纪90年代中期才被用于临床。

2.2.2 手术机器人的发展

外科机器人始于20世纪80年代中期。1985年4月11日,在美国加州纪念医疗中心,第一个记录在案的用于医疗过程的机器人是PUMA 200,在计算机的指导下进行神经外科活检。机器人被用来帮助外科医生定位钻头和活检探头。与当时使用的传统立体定向脑外科技术相比,该手术达到了更高的精确度,持续时间也更短。

6年后的1991年4月,在英国伦敦帝国理工学院(Imperial

College London, UK),第一个自主机器人 PROBOT 被用于切除阻碍了尿路的前列腺组织。戴维斯和他的团队使用了一个标准的六自由度 PUMA 机器人,其手动安全支架(图 1-2-1),可确保刀具沿着复杂的锥形轨迹运动,以便进行经尿道前列腺电切术(TURP)。结果表明,前列腺电切术是实现机器人程序的理想手术。只要设置好手术轨迹,就能自动切割前列腺组织的锥形,这样不仅大大降低了手术人员的劳动强度,而且手术时间也大大缩短到只有几分钟。PUMA 作为一个标准的工业机器人在手术室中被使用,正如我们所看到的,虽然它帮助外科医生更精确地定位和减少他们的工作强度,但它不是为外科手术专门设计的,有很多缺点,所以在外科手术中的应用就此停止了。

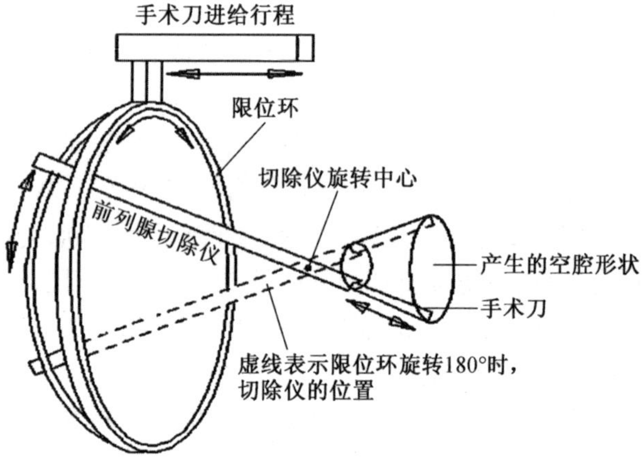

图 1-2-1　手动安全支架及其工作空间

(图片来源: Imperial College London)

外科手术中对手术机器人的需求,加速了它的发展。许多研究组织一直在这一领域进行研究。其中,1986 年,IBM 的 Thomas J. Watson 研究中心和加州大学戴维斯分校的研究人员开始合作开发全髋关节置换术(THA)创新系统。1992 年,机器人手术系统创造了医学史。该系统协助外科医生进行了全髋关节置换术,成为首个应用于人类的全髋关节置换术系统。这一突破也促进了三维图像引导、术前规划和计算机辅助机器人手术的快速发展。如图 1-2-2 所示，ROBODOC 手术系统获得了美国食品和药物管理局（FDA）的 510（k）批准，用于全髋关节置换术。它是唯一一个被美国 FDA 批准用于骨科手术的主动机器人系统。

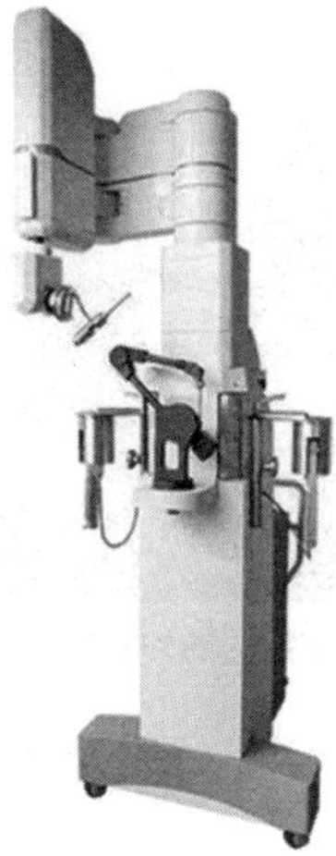

图 1-2-2　ROBODOC 手术系统
（图片来源：Think Surgical Inc.）

20 世纪 90 年代初，微创手术也得到了迅速发展。1993 年，来自加州大学圣巴巴拉分校的王玉兰博士成功地研制出一种具有五轴 SCARA 臂的机器人相机支架，用于内窥镜定位。它被称为自动内镜最佳定位系统（简称 AESOP），可以由外科医生用手和脚控制，也可以根据外科医生的需要通过语音控制。AESOP 的应用省略了一个相机支架，而提前的可视化定位使外科医生在微创手术过程中手眼更加协调。在 1994 年获得 FDA 批准时，它是唯一的微创手术系统。

基于 AESOP 技术，美国 Computer Motion 公司开发了 Zeus 系统。该技术在 2001 年通过了 FDA 的审批，Zeus 系统成为第一个商业手术机器人设备，以协助外科医生在手术室工作。Zeus 系统由一个外科医生的控制台和三个安装在手术台上的机械手臂组成，其中之一就是 AESOP 内窥镜。Zeus 机器人系统在第一次跨越大西洋的远程手术中创造了历史。如图 1-2-3 所示，纽约市的外科医生给位于法国斯特拉斯堡的病人通过从动机器人操作臂进行了手术。Zeus 系统可以消除振动，确保更好的操作安全性和更高的准确性。但随着 Computer Motion 公司被 Intuitive Surgical 公司的合并和收购，2003 年，AESOP 和 Zeus 系统不再生产，取而代之的是 Intuitive Surgical 公司的 da Vinci（达·芬奇）机器人系统。

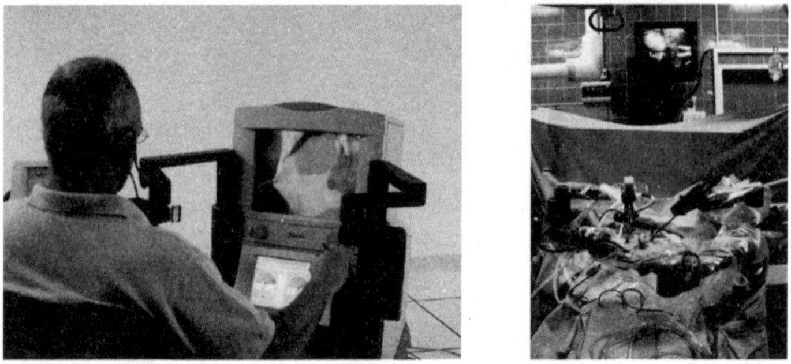

(a) 组约的外科机器人控制台　　(b) 斯特拉斯堡的远程机器人操作臂

图 1-2-3　远程手术中的 Zeus 手术系统

（图片来源：IRCAD）

Intuitive Surgical 公司一直致力于开发自己的手术机器人系统。20 世纪 80 年代末,其研究团队在前斯坦福研究院（Stanford Research Institute）推出了达 · 芬奇系统的原型。该研究所与美国陆军签订了合同,旨在开发一种远程执行战场手术的系统。最后,达 · 芬奇手术系统（图 1-2- 4）的系统架构于 1999 年 1 月成功上市。

(a) 手术控制台　　(b) 操作系统　　(c) 视觉系统

图 1-2-4　达 · 芬奇机器人手术系统

（图片来源：Intuitive Surgical Inc. ）

如图 1-2-4 所示,达 · 芬奇手术系统是一个类似于 Zeus 系统的典型主从系统,但是它使用 3 个或 4 个七自由度机械手臂和 3D 视觉系统,有利于优化微创手术的灵活性、精度,也更符合人体工程原理。第一次,200 名患者的试验用于完成胆囊切除术和尼森氏胃底折叠术。2000 年,达 · 芬奇手术系统成为第一个经 FDA 批准用于普通腹腔镜手术的机器人手术系统。在接下来的几年里，FDA批准将达·芬奇系统用于胸腔镜手术、辅助切口心脏手术、泌尿外科、妇科、儿科和经口耳鼻喉科手术。特别是在2003年，公司还收购了主要竞争对手AESOP公司，加强了公司的知识产权持有。这时，Intuitive Surgical公司已经是机器人辅助微创手术的全球技术领导者，即便是现在，达·芬奇手术系统也凭借其广泛的专利技术统治着手术机器人的市场。

自此，外科手术的又一个新时代来临了。手术机器人系统已经成为手术组成的一部分，手术机器人的优势已经被越来越多的外科医生所认识，因此我们可以预测手术机器人在未来将会得到更广泛的应用。

2.2.3　手术机器人的分类

近30年来，外科手术机器人和系统得到了广泛的应用，但目前对外科机器人领域的界定还很困难，因为外科机器人的各种功能和外形使得对该领域制定统一标准极为困难。

泰勒提出了一种基于技术或应用的最经典的分类方法。基于技术的分类，手术机器人可以分为两大类，即遥控机器人和图像引导机器人。达·芬奇系统是最著名的远程系统（Intuitive Surgical Inc.，CA），外科医生操纵控制台的主控制器，从动操作臂根据操作员的动作完成手术操作。ROBODOC（Curexo Technology Corp.，CA）、MAKO等骨科机器人，以及Acrobot系统都是典型的自动化图像引导手术系统，手术机器人在患者术前图像的引导下自动执行手术。虽然图像引导机器人通常不需要外科医生控制台，但它们绝对需要更精确的运动控制，才能在没有人工干预的情况下完成操作。

基于应用场合，可以将手术机器人分为许多类别，如泌尿学、神经学、心脏病学、骨科等。我们想要根据人体的不同部位进行粗略的分类，例如，腹部、胸部、头部和四肢。本章主要遵循这一分类方法，重点总结腹部机器人的发展现状。当然在实际应用时，有时一台手术机器人也可以用于不同的人体器官。

另一种过程分类由 Camarillo 等提出，称为基于作用的分类。此时，手术机器人可分为三个类别，即被动作用机器人、限制作用机器人、积极作用机器人。其中，被动作用机器人的作用范围有限，或者其参与风险较低。限制作用机器人负责更多的侵入性任务，风险更高，但仍被限制在手术过程的基础部分。积极作用机器人密切参与过程，承担着很高的责任和风险。基于作用的分类是基于手术机器人所承担的职责，以及技术开发人员和最终用户之间的沟通能力。

Kazanzides 等也提出了一种基于技术范式的分类方法，将手术机器人分为手术 CAD/CAM 或手术辅助系统。外科 CAD/CAM 系统的工作原理与工业中的 CAD/CAM 系统类似，该系统可以建立一个关于病人和手术计划的模型（CAD），然后辅助实施计划（CAM）。ROBODOC 是外科 CAD/CAM 系统中最著名的例子。机器人手术辅助系统的作用是提供智能、多用途的工具，增加医生的灵活性、稳定性和操作一致性。达 · 芬奇系统是外科辅助系统的一个典型例子。

但最重要的是，这些分类方法并不是绝对的，一些手术机器人可能同时属于几个类别。

2.3　腹部手术机器人的发展与应用

机器人辅助手术作为一种先进的外科技术，给临床带来了一场彻底的变革。它首次应用于几乎所有腹部区域，并很快在妇产科、泌尿系统、消化系统、脾脏、肾上腺等方面显示出明显的优势。特别是微创手术和机器人辅助微创手术在腹部手术中的应用都是最早和最广泛的，因此腹部手术机器人是目前研究的主要领域。随着腹部机器人手术的成功，外科机器人开始被广泛应用于临床。

2.3.1　人体腹部的解剖结构

我们所讨论的人体的腹部是指人体胸部和骨盆之间的部分，如图 1-2-5 所示。腹部主要包括这泌尿系统的器官、女性的内生殖系统、消化道及其附属器官,以及其他器官。

① 泌尿系统的器官,如肾脏、输尿管、膀胱和尿道,男性还包括前列腺等。

② 女性的内生殖系统,包括卵巢、输卵管和子宫。对于男性来说,生殖器官主要位于腹部之外。

③ 消化道及其附属器官,包括胃、小肠、盲肠和带阑尾的大肠、肝脏、胆囊和胰腺。

④ 其他器官,包括脾等。

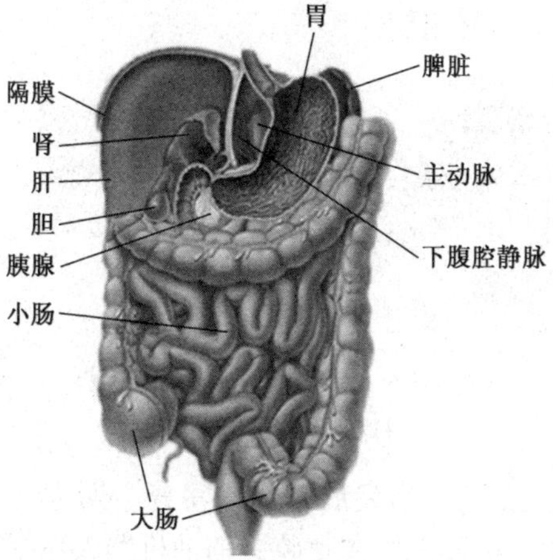

图 1-2-5　腹部正面解剖结构

(图片来源:Google)

2.3.2　手术机器人在泌尿外科中的应用

如前所述,第一台真正意义上的手术机器人 PROBOT 于 1991 年应用于泌尿外科手术中,用于切除前列腺组织。在此之后,几个用于前列腺活检和肾脏检查的手术机器人也被开发。

1995 年,意大利人使用 SR8438 Sankyo Scara 机器人在超声成像系统的指导下精确地进行了经会阴前列腺活检。正是 CT、MRI、立体定位 X 射线和超声扫描等设备能够使外科医生“看到”器官的病变部位,在上位机上精确定位病变,从而使手术具有更高的准确性和可靠性。更重要的是,这是泌尿外科的第一个远程手术。同时，法国里昂 EDAP TMS 公司于 1993 年开发了 ABLATHERM 手术机器人，如图 1-2-6 所示。它使用经直肠高强度聚焦超声（HIFU）治疗局部前列腺癌。在局部麻醉或全身麻醉后，该设备使用了一个 2.25 MHz 的治疗传感器，并与一个软件连接，使操作者能够精确地确定前列腺的治疗区域。直到 2005 年，探针上集成了图像和治疗传感器，成像采用的是 7.5 MHz 的传感器，目前治疗采用的是 3 MHz 的传感器，并且探针上的传感器可产生前列腺的立体图像使外科医生使用它制订一个治疗计划，然后机器人探针自动地移动并切除计划中的目标组织。

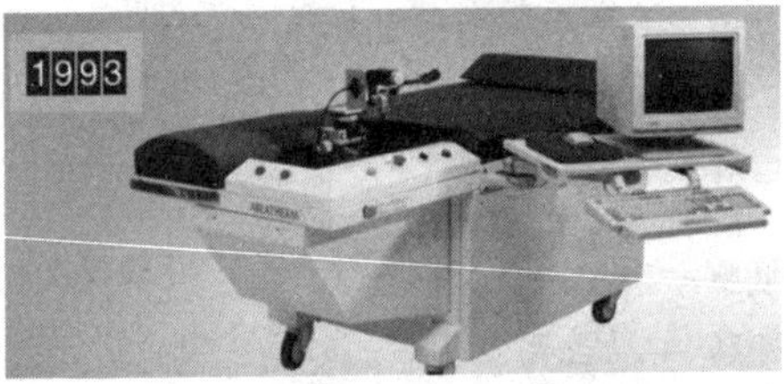

图 1-2-6　ABLATHERM（原型）

（图片来源：EDAS TMS）

手术机器人的进一步发展是约翰霍普金斯大学开发出了经皮肾穿刺的 AcuBot 机器人。在腹腔镜辅助机器人系统 LARS、肾脏的经皮穿刺 PAKY 等机器人的基础上开发出来的 AcuBot 机器人，提高了机器人的精度。后来，据报道 RCM（远程运动中心机器人）的加入，提高了 PAKY 图像引导针进行访问的性能和功能。因此，如图 1-2-7 所示，AcuBot 机器人兼具改进的 PAKY（实现 1 个平移运动——插入针）和 RCM（实现 2 个旋转运动——精确定向仪器）的组合模块是安装在一个新的“桥梁”框架上，并且笛卡尔坐标空间实现 3 个自由度（X、Y、Z 的移动运动）。优化的六自由度机器人结构将定位、定向和仪器插入耦合，安全完成经皮介入治疗的仪器插入步骤。不久之后，下一代机器人——包含兼容所有类别的医学成像设备的 MrBot 手术机器人被推出。

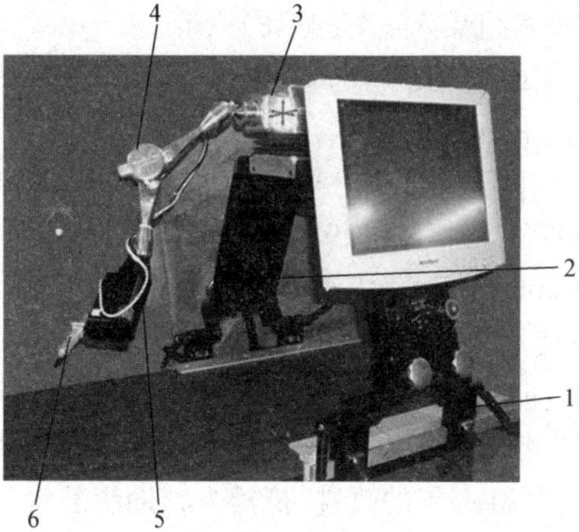

1—固定支架；2—桥型支架；3—卡迪尔平台；4—RCM；
5—中间连接装置；6—PARK

图 1-2-7　AcuBot 机器人

（图片来源：Johns Hopkins Medcine）

然而，越来越清楚的是，由于腹腔镜手术的原始缺陷，因此它更适合由机器人来辅助完成。1999 年达·芬奇手术系统的问世，对腹腔镜泌尿外科产生了巨大的影响。虽然其最初目的是用于心血管手术，但目前主要应用于泌尿外科手术，尤其是腹腔镜前列腺根治术。第一例机器人辅助根治性前列腺切除术(RARP)是 Binder 等于 2000 年在德国法兰克福使用达·芬奇手术系统完成的。Mani Menon 作为一名没有任何腹腔镜手术经验的外科医生，通过短时间的学习，减少了病人的失血和并发症的发病率，推出了一种高度标准化的程序，为达·芬奇机器人手术系统在全球范围内使用机器人根治前列腺切除术中的广泛应用奠定了基础。

目前，达·芬奇机器人手术系统在前列腺根治术、膀胱根治术、肾部分切除术等泌尿外科实践中得到了广泛的应用，尤其是前列腺切除术似乎是最适合的应用场合。

虽然根治性前列腺切除术是第一个广泛使用达·芬奇手术机器人这项新技术的手术，但机器人手术并不仅限于泌尿外科医生。许多从未实践过的外科领域也开始采用这一突破性的技术。

2.3.3 手术机器人在妇科中的应用

1801 年,德国下萨克森州哥廷根市的奥西安德(Osiander)实施了第一例计划中的子宫切除术,即阴道子宫切除术。从那时起,妇科手术技术有了显著的进步。早在20 世纪40 年代,腹腔镜就被引入妇科作为诊断工具。直到 1985 年9 月 12 日,外科医生梅德·穆赫(Med Erich Muhe)第一次实施了腹腔镜胆囊切除术,而妇科医生多年来一直仅使用腹腔镜作为医疗诊断工具。但是直到 1988 年,第一例腹腔镜辅助阴道子宫切除术才由宾夕法尼亚州的 Harry Reich 完成。由于传统腹腔镜手术流程复杂,持续时间较长,尽管腹腔镜技术经过 20 多年的改进,机器人辅助腹腔镜妇科手术并没有在临床中得到广泛应用。

在机器人辅助腹腔镜手术的早期,很少的一些设备被用于妇科手术。Mettler 等在 1998 年的一项研究中使用带有五轴 SCARA 臂的 AESOP 机器人(AESOP——光学自动内镜定位系统)在妇科手术中进行内镜定位。他们发现,相机支架的独立布置使外科医生可以进行复杂的腹腔镜妇科手术,并且由于其绝对稳定的视野,外科医生手术时更加专注和高效。此外,具有语音控制的机器人具有更安全的运动范围。但是,当机器人的手臂移动的距离较大时,它需要的时间要比手工移动的时间要长,所以 AESOP 机器人系统最适用于较简单的手术。

Computer Motion 公司将 AESOP 手术系统集成后开发出 Zeus 手术系统。Zeus 手术系统是第一个真正意义上的用于妇科手术的机器人辅助系统。1999 年 Zeus 系统成功应用于输卵管吻合术中,10 例患者中有 5 例术后 1 年内成功妊娠。值得一提的是,Zeus 机器人系统具有远程手术的功能,并完成了具有里程碑意义的手术。不幸的是,Intuitive Surgical 手术机器人公司吞并了 Zeus 手术机器人的公司,并且开发出达·芬奇手术系统,Zeus 系统不再商业制造。

大量文献表明,达·芬奇系统在泌尿外科领域的广泛应用,使得其在其他外科学科中逐渐被接受,改善了患者的舒适度和预后,促进了行业的发展。从那时起,机器人辅助腹腔镜手术一般应用于生殖内分泌学和生育学、妇科肿瘤学，以及女性盆腔医学和重建等妇科领域。

尽管1999年达·芬奇机器人手术系统就被推出，但是直到2005年4月，达·芬奇手术系统根据在密歇根大学实施的子宫肌瘤切除术和子宫切除术的早期经验，才通过了FDA基于初步证据的妇科手术的安全性和有效性。许多妇科医生开始用它来代替传统的腹腔镜检查，不仅因为达·芬奇系统有需要技术优势，比如具有比人类更灵巧的手腕，高清晰度的三维内窥镜，以呈现更真实清晰的图像，更符合人体工程学的设计，而且即使没有非常先进的腹腔镜手术经验，外科医生也可以立即将他们的实践从传统的开腹手术转变为机器人辅助手术。在美国，机器人辅助手术数量从2010年的22.8万例增加到2012年的36.7万例，其中妇科手术占绝大部分，甚至超过泌尿外科手术。

外科手术的发展经历了从开放手术到微创手术，再到机器人辅助腹腔镜单孔手术或自然孔口手术的发展趋势，因为它的术后伤口美观，减少了病人的疼痛，极大地提高了病人的满意度，特别是脐孔更大，更容易进行妇科手术。Yoo等在2014年报道了他们对单孔机器人辅助手术治疗良性妇科肿瘤和早期妇科癌症的初步研究成功。如图1-2-8所示，他们采用单孔口达·芬奇辅助机器人系统（SS-dV，Intuitive Surgical，Sunnyvale CA，USA）对6例患者进行了单孔机器人手术，这实际上是一种无疤痕手术。

(a) 系统完成对接

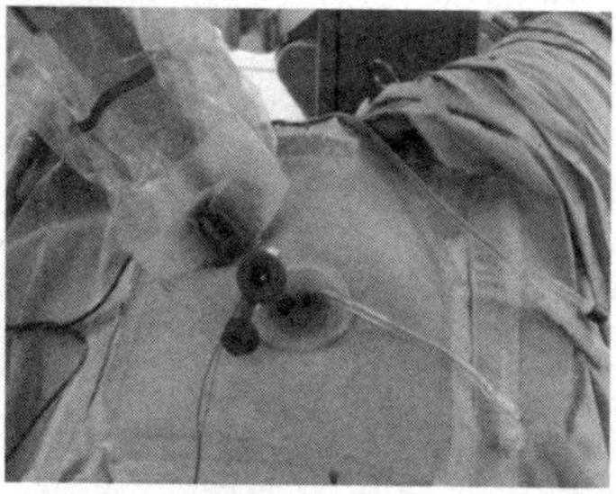

(b) 单孔口平台

图1-2-8　单孔口达·芬奇手术系统

（图片来源：Yoo N T，Kim T J，Lee Y Y，et al. Single－site robotic surgery in gynecologic cancer：a pilot study［J］. J Gynecol Oncol，2015，26（1）：62－67）

SS-dV 单孔达·芬奇机器人辅助系统兼容达·芬奇 Si 手术系统于 2009 年发布。双控制台结构便于合作手术或进行培训，控制台的特点是有多个符合人体工程学的调节装置，允许外科医生来定制四个不同参数以改善手术期间的舒适度，患者一端的手术车上有四个机械手臂，其中一个手臂与一对连接在光纤电缆上的小摄像机相连，该摄像设备被称为 3D 高清内窥镜（见图 1-2-9a），获取的图像经过处理，为外科医生提供真实的病人解剖图像。其他三个手臂连接带有专门适配器的四分之一英寸宽外科器械的附件（也叫作 EndoWrist ®工具，见图 1-2-9b）。EndoWrist ®手术器具是直观外科手术公司可以提供七自由度的专利产品，具有比人类的手更大的运动范围，外科医生可以远程操作，通过小切口完成快速、精确的解剖，病灶手术和缝合。

SS-dV 具有单位置对接套管封闭器（见图 1-2-9c）。它是有 5 个孔口的套管，套管可以简单、安全地插入一个 1.5 cm 的垂直脐切口中，通常通过一个开放的哈森的方法实现，并且允许多达 3 种仪器(8.5 mm 的 3D 高清内窥镜、5 ~ 10 mm 的附件口和充气适配器）同时通过独立柔性的孔道，使用特别是弯曲的 5 mm 仪器套管将仪器臂架分离在体壁外，最大限度地减少了仪器与相机臂架的外部碰撞。因此，LESS（完全通过脐小切口进行）将多端口腹腔镜手术的风险降到最低，如果在有经验的人手中，LESS 对子宫切除和附件手术是安全可行的，包括对选定的肥胖患者。

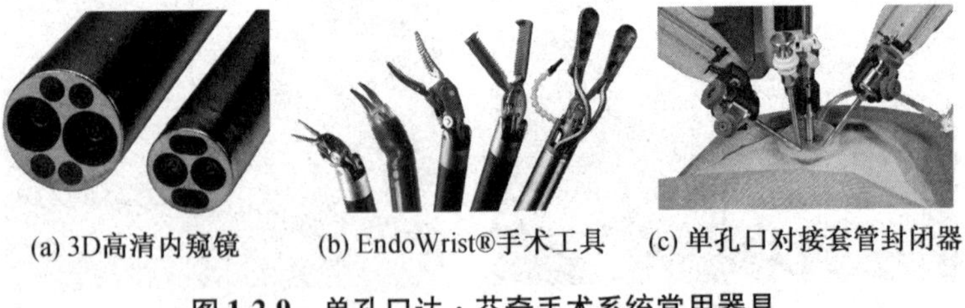

(a) 3D高清内窥镜　(b) EndoWrist®手术工具　(c) 单孔口对接套管封闭器

图 1-2-9　单孔口达·芬奇手术系统常用器具

（图像来源：Intuitive Surgical）

达·芬奇机器人系统是目前妇科手术中使用频率最高的机器人系统。2014 年，美国完成妇科手术 23.5 万例（2013 年为 24 万例,2012 年为 22.2 万例)。

2.3.4　手术机器人在消化系统中的应用

人类的消化系统呈长管状,包括许多器官。从历史上看,胆囊切除术是消化系统中应用新技术的第一个临床试验,也是消化外科中最常见的手术。有文献证明的第一例胆囊切除术可以追溯到 1882 年 7 月 15 日,是由柏林的德国外科医生朗根布奇对一名 43 岁的男子进行的。第一例腹腔镜胆囊切除术于 1987 年由法国医生菲利普·穆雷实施,这是世界上第一例腹腔镜手术。

第一次机器人辅助腹腔镜手术也用于胆囊切除术。该手术发生在 1997 年 3 月,在比利时登德蒙的圣白思豪医院(St. Blasius Hospital)进行,第一次做了两个 Nissen 手术——胃底折叠手术。手术中使用的机器人被称为蒙娜丽莎,是达·芬奇手术系统的前身。蒙娜丽莎机器人完成一些相对简单的手术后,很快,医生发现其成像系统无法满足他们的需求,所以 3D 成像的内窥镜得到了发展。达·芬奇手术系统被推出后,于 1998 年在欧洲的巴黎和德国进行了腹部手术。随着达·芬奇手术系统获得美国药品食品管理局的批准,达·芬奇机器人辅助手术逐渐扩展到各种临床介入治疗中,但在普外科和消化外科的应用稍有滞后。

采用达·芬奇手术系统的首例机器人辅助胃底折叠术是为一位 56 岁的妇女在 2001 年实施的。同年,第一个机器人辅助食管肌层切开术由梅尔文小组完成,第一例机器人辅助结肠切除手术发生在哈肯萨克大学。最早的两例肾上腺切除术是在 2002 年实施的。2000—2001 年,日本九州大学(University of Kyushu)的一个研究小组首次对胃癌远端胃切除术进行了研究,于 2003 年完成了第一例经食道全切术。基于这些关于达·芬奇手术系统在消化道手术中使用的丰富经验,机器人辅助手术比传统的微创手术显示出更多的优势,进一步推动了外科机器人的研究。

除了达·芬奇等大型医疗机器人外,近年来有关用于胃肠道的微型内窥镜机器人的研究也在不断增加。由于检查消化道每一褶皱处的病灶比检查其他器官都要困难,所以带摄像头的可吞咽胶囊式机器人特别适合检查或活检，以帮助外科医生做出正确的决定，如图 1-2-10 所示。这种无线胶囊内窥镜比传统的探针如胃镜，直径更小，灵活性更高，患者在诊断过程中感觉更舒适，疼痛感更少，所以他们更愿意使用它完成肠道中检查那些潜在的感染病灶。

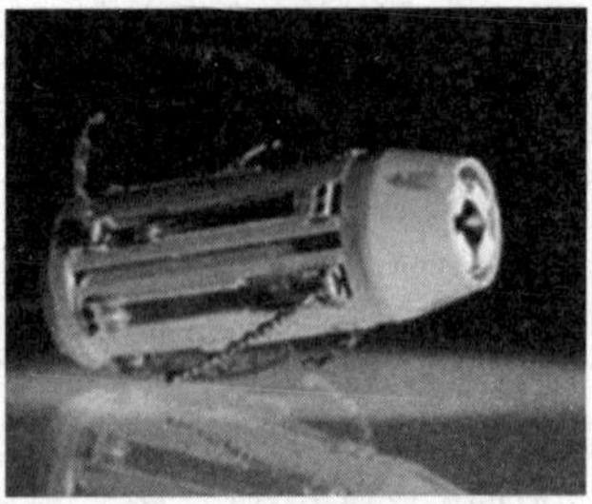

图 1-2-10 微型内窥镜机器人

在早期产品中，胶囊内窥镜的推进完全依靠自然的内脏蠕动，医生可能在必要时试图观察清楚，但是却无法控制胶囊内窥镜的运动和方向，导致诊断准确性较低。目前，许多科研机构和大学的科研团队都致力于研制自推式胶囊内窥镜，以提高其可控性和检测精度。

胶囊式内窥镜按推进原理分为三大类：内推进机器人、外推进机器人和混合式推进机器人。内推进机器人由于推进机构（驱动器及相关机构）是全部装在机器人上实现直接驱动的，因而这种机器人具有更好的运动控制能力和机动性能。有些推进机制模仿生物系统，如蚯蚓式、鞭毛式、腿式等；有些则简单地应用机械原理，如振动推进式、浆式推进式等。外部动力推进式机器人就没有内部推进机器人的那些负重，这样机器人就可以有更多的空间安装遥测和诊断模块。在外部推进机器人中，一般和内部磁性元件相互作用的磁场是产生推进力的源泉。混合式推进机器人综合了上述两类机器人的特点。

2.4 基于 Mathematica 的七自由度手术机器人

随着计算机技术、控制技术、信息技术和 3D 视觉技术的发展，在世界范围内，手术机器人已经越来越广泛地应用在各类手术中：消化外科、神经外科、心血管外科、泌尿外科，甚至耳鼻喉科和眼科。机器人辅助外科手术具有更高的灵活性，消除了人手的颤动，减小了刀口尺寸，出血量更少，住院时间更短，手术精度更高，日益受到外科医生和患者的欢迎。

手术机器人出现于20世纪80年代中期，最初人们利用成熟的工业机器人来做简单的外科手术，但是因为那些机器人不是专门为外科手术而设计的，因而存在许多缺陷而遭淘汰。20世纪90年代早期，随着腹腔镜手术的蓬勃发展，出现了辅助主刀医生手术的机器人。

2.4.1　自由度分析和三维建模

在微创手术中，一般由助理医师手持内窥镜来配合主刀医生完成手术，这造成他们配合不够默契，手眼不够协调，因操作时间长而出现助理医生手部抖动等一系列问题。而由七自由度机器人夹持内窥镜克服了上述缺点，并且通过不断改进，主刀医生甚至可以通过声音直接控制手术辅助机器人，不仅省去了持镜医生，也达到了主刀医生手眼运动的完美结合，防止内窥镜抖动等问题，提高了手术的精度。如图1-2-11所示，七自由度机器人由底座、支承杆、腰部、水平臂、前臂、手腕、手部和内窥镜支架组成。支承杆可以在底座内沿垂直坐标轴 Z_1 上下移动，腰部绕垂直坐标轴 Z_2 转动，

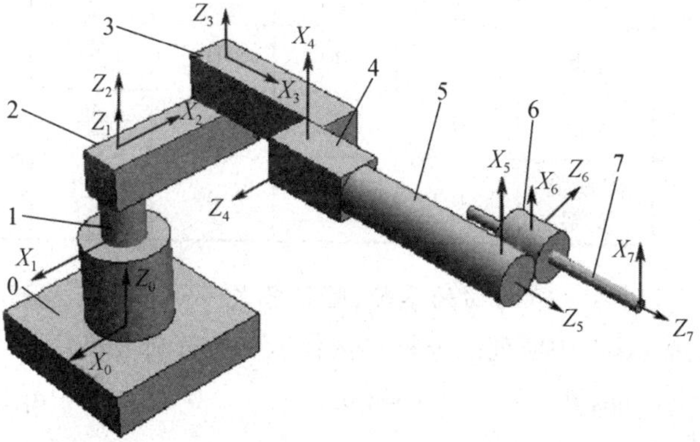

0—底座；1—支承杆；2—腰部；3—水平臂；

4—前臂；5—手腕；6—手部；7—内窥镜支架

图1-2-11　七自由度手术机器人三维模型

水平臂绕垂直坐标轴 Z_3 转动，前臂绕水平坐标轴 Z_4 转动，手腕绕水平坐标轴 Z_5 转动，手部绕水平坐标轴 Z_6 转动，内窥镜支架可以沿水平坐标轴 Z_7 在手部中前后移动。所以七自由度机器人具有 5 个转动自由度和 2 个移动自由度，可以根据医生的指令将腹腔镜送达指定的任意一点，动作准确、迅速，而且消除了人类因紧张和疲劳产生的抖动现象，为微创手术的顺利进行提供了有力的保障。

2.4.2 运动学方程的正解

1）根据 D－H 法确定各关节的初始位置参数及关节变量

由图 1-2-11 所示模型，并根据 D－H 法，可确定七自由度手术机器人各关节的初始位置参数及关节变量（见表 1-2-1）。

表 1-2-1 七自由度手术机器人的 D－H 表

零件序号	零件名称	θ_i	d_i	a_{i-1}	α_{i-1}	关节变量
1	支承杆	0	d_1	0	0	d_1
2	腰部	π	d_2	0	0	θ_2
3	水平臂	$-\frac{\pi}{2}$	d_3	a_2	0	θ_3
4	前臂	$\frac{\pi}{2}$	d_4	a_3	$\frac{\pi}{2}$	θ_4
5	手腕	0	d_5	0	$\frac{\pi}{2}$	θ_5
6	手部	0	d_6	0	$\frac{\pi}{2}$	θ_6
7	内窥镜支架	0	d_7	0	$-\frac{\pi}{2}$	d_7

2）根据各关节的初始参数，验证各关节位姿的正确性

将表 1-2-1 中所列的连杆参数代入如下连杆变换矩阵通式：

$$
{}^{i-1}\boldsymbol{T}_i=\begin{pmatrix}\cos\theta_i & -\sin\theta_i & 0 & a_{i-1}\\ \sin\theta_i\cos\alpha_{i-1} & \cos\theta_i\cos\alpha_{i-1} & -\sin\alpha_{i-1} & -d_i\sin\alpha_{i-1}\\ \sin\theta_i\sin\alpha_{i-1} & \cos\theta_i\sin\alpha_{i-1} & \cos\alpha_{i-1} & d_i\cos\alpha_{i-1}\\ 0 & 0 & 0 & 1\end{pmatrix},\tag{1-2-1}
$$

即可得到各个连杆的变换矩阵：

$$^{0}\boldsymbol{T}_1=\begin{pmatrix}1&0&0&0\\0&1&0&0\\0&0&1&d_1\\0&0&0&1\end{pmatrix},\quad ^{1}\boldsymbol{T}_2=\begin{pmatrix}-1&0&0&0\\0&-1&0&0\\0&0&1&d_2\\0&0&0&1\end{pmatrix},$$

$$^{2}\boldsymbol{T}_3=\begin{pmatrix}0&1&0&a_2\\-1&0&0&0\\0&0&1&d_3\\0&0&0&1\end{pmatrix},\quad ^{3}\boldsymbol{T}_4=\begin{pmatrix}0&-1&0&a_3\\0&0&-1&-d_4\\1&0&0&0\\0&0&0&1\end{pmatrix},$$

$$^{4}\boldsymbol{T}_5=\begin{pmatrix}1&0&0&0\\0&0&-1&-d_5\\0&1&0&0\\0&0&0&1\end{pmatrix},\quad ^{5}\boldsymbol{T}_6=\begin{pmatrix}1&0&0&0\\0&0&-1&-d_6\\0&1&0&0\\0&0&0&1\end{pmatrix},$$

$$^{6}\boldsymbol{T}_7=\begin{pmatrix}1&0&0&0\\0&0&1&d_7\\0&-1&0&0\\0&0&0&1\end{pmatrix}.$$

由获得的各连杆坐标系，可推知后一个连杆坐标系与前一个坐标系的相对位姿。例如，由连杆变换矩阵可知手腕相对于前臂的位姿为：手腕的 X 轴与前臂的 X 轴一致，手腕的 Y 轴与前臂的 Z 轴同轴，手腕的 Z 轴与前臂的 Y 轴的负方向一致，手臂的坐标原点沿着前臂的 Y 轴负方向移动了一定的距离。这些与图 1-2-11 完全吻合，根据 D－H 法设置的坐标系的正确性得到了验证。

机器人末端相对于基坐标系的描述，$^{0}\boldsymbol{T}_7$ 可由各连杆坐标系依次相乘获得，即 $^{0}\boldsymbol{T}_7={}^{0}\boldsymbol{T}_1\cdot{}^{1}\boldsymbol{T}_2\cdot{}^{2}\boldsymbol{T}_3\cdot{}^{3}\boldsymbol{T}_4\cdot{}^{4}\boldsymbol{T}_5\cdot{}^{5}\boldsymbol{T}_6\cdot{}^{6}\boldsymbol{T}_7$，可得

$$^{0}\boldsymbol{T}_7=\begin{pmatrix}0&1&0&-a_2+d_4-d_6\\0&0&1&a_3+d_5+d_7\\1&0&0&d_1+d_2+d_3\\0&0&0&1\end{pmatrix}. \tag{1-2-2}$$

由式(1-2-2)可知,内窥镜支架坐标系相对于基座坐标系的关系如下:内窥镜支架坐标系的 X 轴与基座坐标系的 Z 轴一致,内窥镜支架坐标系的 Y 轴与基座坐标系的 X 轴一致,内窥镜支架坐标系的 Z 轴与基座坐标系的 Y 轴一致,内窥镜支架坐标系的坐标原点沿基座坐标系的 X 轴平移了 $-a_2+d_4-d_6$,沿 Y 轴平移了 $a_3+d_5+d_7$,沿 Z 轴平移了 $d_1+d_2+d_3$。这与图 1-2-11 完全吻合,验证了末端关节位姿的正确性。

3) 根据各关节变量,获得机器人运动学方程

由表 1-2-1 可知,各连杆的关节变量分别是 d_1、θ_2、θ_3、θ_4、θ_5、θ_6、d_7,代入式(1-2-1),则可得各连杆的变换矩阵,由此用 Mathematica 软件计算,获得机器人的运动学方程如下:

$$
\begin{aligned}
&{}^0\boldsymbol{T}_7={}^0\boldsymbol{T}_1(d_1)\cdot{}^1\boldsymbol{T}_2(\theta_2)\cdot{}^2\boldsymbol{T}_3(\theta_3)\cdot{}^3\boldsymbol{T}_4(\theta_4)\cdot{}^4\boldsymbol{T}_5(\theta_5)\cdot{}^5\boldsymbol{T}_6(\theta_6)\cdot\\
&{}^6\boldsymbol{T}_7(d_7)=\{\{\cos[\theta_6](\cos[\theta_4]\cos[\theta_5](\cos[\theta_2]\cos[\theta_3]-\\
&\sin[\theta_2]\sin[\theta_3])+(\cos[\theta_3]\sin[\theta_2]+\cos[\theta_2]\sin[\theta_3])\sin[\theta_5])+\\
&(\cos[\theta_2]\cos[\theta_3]-\sin[\theta_2]\sin[\theta_3])\sin[\theta_4]\sin[\theta_6],\\
&\quad\cos[\theta_5](\cos[\theta_3]\sin[\theta_2]+\cos[\theta_2]\sin[\theta_3])-\\
&\quad\cos[\theta_4](\cos[\theta_2]\cos[\theta_3]-\sin[\theta_2]\sin[\theta_3])\sin[\theta_5],\\
&\quad\cos[\theta_6](\cos[\theta_2]\cos[\theta_3]-\sin[\theta_2]\sin[\theta_3])\sin[\theta_4]-\\
&\quad(\cos[\theta_4]\cos[\theta_5](\cos[\theta_2]\cos[\theta_3]-\sin[\theta_2]\sin[\theta_3])+\\
&\quad(\cos[\theta_3]\sin[\theta_2]+\cos[\theta_2]\sin[\theta_3])\sin[\theta_5])\sin[\theta_6],\\
&\quad a_2\cos[\theta_2]-d_4(-\cos[\theta_3]\sin[\theta_2]-\cos[\theta_2]\sin[\theta_3])+\\
&\quad a_3(\cos[\theta_2]\cos[\theta_3]-\sin[\theta_2]\sin[\theta_3])+\\
&\quad d_5(\cos[\theta_2]\cos[\theta_3]-\sin[\theta_2]\sin[\theta_3])\sin[\theta_4]-\\
&\quad d_6(\cos[\theta_5](\cos[\theta_3]\sin[\theta_2]+\cos[\theta_2]\sin[\theta_3])-\\
&\quad\cos[\theta_4](\cos[\theta_2]\cos[\theta_3]-\sin[\theta_2]\sin[\theta_3])\sin[\theta_5])+\\
&\quad d_7(\cos[\theta_6](\cos[\theta_2]\cos[\theta_3]-\sin[\theta_2]\sin[\theta_3])\sin[\theta_4]-\\
&\quad(\cos[\theta_4]\cos[\theta_5](\cos[\theta_2]\cos[\theta_3]-\sin[\theta_2]\sin[\theta_3])+\\
&\quad(\cos[\theta_3]\sin[\theta_2]+\cos[\theta_2]\sin[\theta_3])\sin[\theta_5]\sin[\theta_6])\},\\
&\{\cos[\theta_6](\cos[\theta_4]\cos[\theta_5](\cos[\theta_3]\sin[\theta_2]+\cos[\theta_2]\sin[\theta_3])+\\
&\quad(-\cos[\theta_2]\cos[\theta_3]+\sin[\theta_2]\sin[\theta_3]\sin[\theta_5])+
\end{aligned}
$$

$(\cos[\theta_3]\sin[\theta_2]+\cos[\theta_2]\sin[\theta_3])\sin[\theta_4]\sin[\theta_6]$,
$\cos[\theta_5](-\cos[\theta_2]\cos[\theta_3]+\sin[\theta_2]\sin[\theta_3])-$
$\cos[\theta_4](\cos[\theta_3]\sin[\theta_2]+\cos[\theta_2]\sin[\theta_3])\sin[\theta_5]$,
$\cos[\theta_6](\cos[\theta_3]\sin[\theta_2]+\cos[\theta_2]\sin[\theta_3])\sin[\theta_4]-$
$(\cos[\theta_4]\cos[\theta_5](\cos[\theta_3]\sin[\theta_2]+\cos[\theta_2]\sin[\theta_3])+$
$(-\cos[\theta_2]\cos[\theta_3]+\sin[\theta_2]\sin[\theta_3])\sin[\theta_5])\sin[\theta_6]$,
$a_2\sin[\theta_2]+a_3(\cos[\theta_3]\sin[\theta_2]+\cos[\theta_2]\sin[\theta_3])-$
$d_4(\cos[\theta_2]\cos[\theta_3]-\sin[\theta_2]\sin[\theta_3])+$
$d_5(\cos[\theta_3]\sin[\theta_2]+\cos[\theta_2]\sin[\theta_3])\sin[\theta_4]-$
$d_6(\cos[\theta_5](-\cos[\theta_2]\cos[\theta_3]+\sin[\theta_2]\sin[\theta_3]-$
$\cos[\theta_4](\cos[\theta_3]\sin[\theta_2]+\cos[\theta_2]\sin[\theta_3])\sin[\theta_5])+$
$d_7(\cos[\theta_6](\cos[\theta_3]\sin[\theta_2]+\cos[\theta_2]\sin[\theta_3])\sin[\theta_4]-$
$(\cos[\theta_4]\cos[\theta_5](\cos[\theta_3]\sin[\theta_2]+\cos[\theta_2]\sin[\theta_3])+$
$(-\cos[\theta_2]\cos[\theta_3]+\sin[\theta_2]\sin[\theta_3])\sin[\theta_5])\sin[\theta_6])\}$,
$\{\cos[\theta_5]\cos[\theta_6]\sin[\theta_4]-\cos[\theta_4]\sin[\theta_6],-\sin[\theta_4]\sin[\theta_5]$,
$-\cos[\theta_4]\cos[\theta_6]-\cos[\theta_5]\sin[\theta_4]\sin[\theta_6]$,
$d_1+d_2+d_3-d_5\cos[\theta_4]+d_6\sin[\theta_4]\sin[\theta_5]+$
$d_7(-\cos[\theta_4]\cos[\theta_6]-\cos[\theta_5]\sin[\theta_4]\sin[\theta_6])\}$,
$\{0,0,0,1\}\}$

4）验证机器人运动学方程正解的正确性

将各关节的初始位置参数 $\theta_2=\pi,\theta_3=-\dfrac{\pi}{2},\theta_4=\dfrac{\pi}{2},\theta_5=\theta_6=0$，$a_2=400$ mm，$a_3=400$ mm，$d_1=500$ mm，$d_2=500$ mm，$d_3=100$ mm，$d_4=100$ mm，$d_5=600$ mm，$d_6=100$ mm，$d_7=200$ mm，代入上述运动学方程，可得

$$ {}^0\boldsymbol{T}_7=\begin{pmatrix}0&1&0&-a_2+d_4-d_6\\0&0&1&a_3+d_5+d_7\\1&0&0&d_1+d_2+d_3\\0&0&0&1\end{pmatrix}=\begin{pmatrix}0&1&0&-400\\0&0&1&900\\1&0&0&1100\\0&0&0&1\end{pmatrix}. $$

这与式(1-2-2)一致，亦与图1-2-11描述一致，从而验证了正运

动学方程求解的正确性。

2.4.3 运动学仿真

如图 1-2-12 所示,设机器人底座的运动轨迹为 $x_0(t)=A\cos\omega t$, $y_0(t)=B\sin\omega t$,支承杆的直线运动轨迹为 $u_1(t)=S\cos\omega t$,内窥镜支架的直线运动轨迹为 $v_7(t)=B\sin\omega t$,其余各旋转运动构件腰部、水平臂、前臂、手腕、手部的旋转运动轨迹为 $q_2=q_3=q_4=q_5=q_6=Bt+C_c$,其中,令 $A=3, B=1, S=0.5, C_c=0, \omega=2\pi$。通过仿真,得到不同时刻的不同位姿,如图 1-2-12 所示,验证了运动的可靠性。

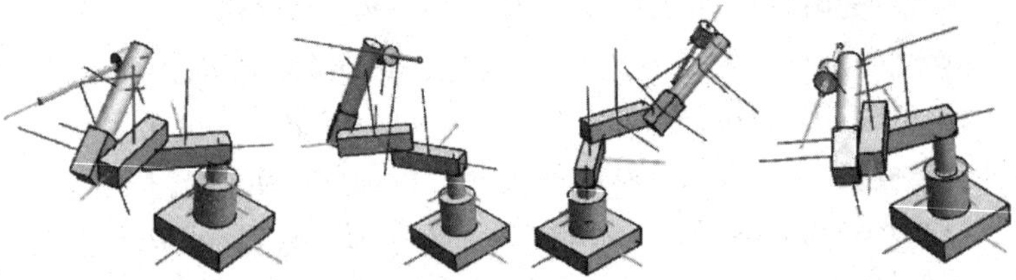

图 1-2-12 七自由度机器人仿真

综上所述,通过对七自由度手术机器人的理论分析和实体建模与仿真,验证了设计的合理性和可靠性,为下一步动力学仿真打下了基础。

2.5 手术机器人的局限性和发展趋势

尽管达·芬奇手术机器人已经在世界各地受到欢迎,但是目前商业远程操作的手术机器人体积庞大,维护成本昂贵,并且安装耗时久,缺乏触觉反馈和感知,无法重新定位病人仰卧,因而个性化、经济型的小型甚至微型手术机器人正在越来越多地被开发出来。研究表明,通过精确控制,手术机器人在各种体内实验中都取得了良好的效果。

未来,手术机器人将朝着四个方向发展。首先,外科手术机器人将被设计得更小型化,可以在外科医生无法到达的单个细胞中工作。通过这种方式，手术机器人能够区分肿瘤细胞和健康细胞，清除阻塞的血管，运送药物或进行活组织检查。其次，手术机器人将会更加智能，在没有外科医生帮助的情况下自己进行手术。再次，我们将改进远程手术操作机器人，使其具有更清晰的图像。随着技术的发展，远程会诊和手术教学可以在系统中首先通过互联网实现，然后逐步向远程手术机器人过渡，这尤其适用于军事、航天、深海等恶劣条件下的手术。最后，将手术机器人系统标准化、模块化，共同完成复杂的手术。虽然机器人是曾经在科幻小说中出现的事物，但它正通过使原本不可征服的东西成为可能，慢慢地推进医学领域的发展。

总之，机器人辅助腹部手术比传统的开放式手术更具潜力。每个外科医生和病人都知道，腹部手术机器人允许获得更好的手术效果。到 2021 年，腹部手术机器人设备的市场规模预计将达到 105 亿美元。基于技术、伦理、财务、经济、法律等方面的影响，机器人技术在未来有很多新的发展可以应用于临床。我们应该继续分析如何在技术上取得进展，并降低成本，最终转化为改善整体手术的性能和结果。

第二篇　并联机器人技术的应用与研究
——以新型激光切割并联机床为例

激光技术与并联机床都是21世纪最具发展前景的关键技术。本篇在分析了激光技术和并联机床在国内外的研究、应用及发展现状的情况下，提出了一种基于并联机构的新型激光切割机床。该机床既具有并联机床运动精度高、刚度大、承载能力强、累积误差小等优点，又具有光纤传输YAG激光的柔性高和作业空间大的特点，特别适用于大型板材的切割加工。

首先，进行新型激光切割并联机床的构型分析和自由度的计算，建立该机床的运动学模型，求出其位置正、逆解及雅可比矩阵，并进行速度分析和综合、加速度的计算。其次，讨论影响该机床工作空间的约束条件，并利用边界搜索法求出该并联机床的工作空间；在此基础上，研究机构参数对工作空间的影响、并联机床的尺度综合及并联机床的可操作性。本篇首次对这种新型激光切割并联机床的运动学性能和工作空间进行了较为系统的研究，发现该机床工作空间大，且在工作空间内无奇异点和不定位形，无运动干涉和耦合，以及平稳的速度特性都特别适合激光切割加工。最后，进行新型激光切割并联机床的模块化设计和运动学性能仿真。通过仿真，模拟并联机床的加工过程，对运动学性能进行验证，保证设计的可靠性。

将并联机床作为激光加工的平台，使激光切割可以实现快速线外编程、数据程控生产、高速切割及高效物流自动化，使得加工精度更高，响应速度更快，切削加工周期大大缩短，生产率大大提高，为激光加工开辟了新的领域，具有一定的现实意义。

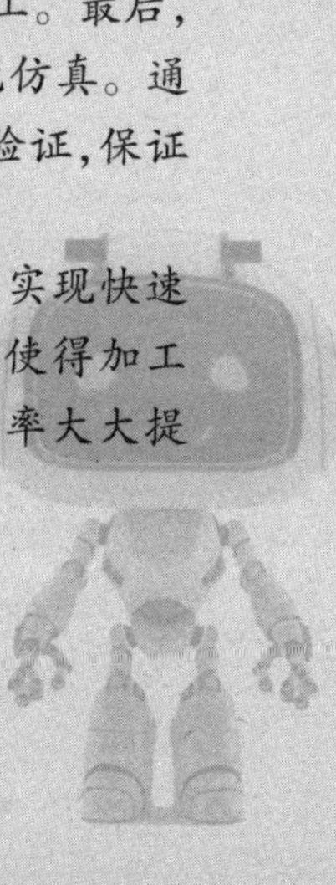

第1章 绪论

激光技术和并联机床的有机结合，有助于推动激光技术在工业生产中的广泛应用。利用并联机床技术，可以实现快速线外编程、数据程控生产、高速切割、精密钻孔及高效的物流自动化，这使得加工精度高，响应速度快，切削加工周期大大缩短，生产率大大提高，给企业带来了新的机会与市场。基于以上原因，选择在加工领域大有可为的并联机床作为激光器的工作平台，采用新型并联机床代替传统的串联机器人为创新点展开研究。

1.1 国内外激光加工技术发展现状

激光与原子能、半导体及计算机技术是20世纪最重要的“四大发明”。自1960年诞生了世界上第一台激光器以来，以激光器为基础的激光技术得到了快速的发展，现已广泛应用于工农业生产、能源动力、通信和信息处理、医疗卫生、军事、文化教育及科学技术研究等各个领域，并且取得了良好的经济效益和社会效益。

1.1.1 激光的特性

激光是英文词组 light amplification by stimulated emission of radiation(通过受激发射的放大光)的缩写。该词确切地描述了激光的作用原理。

激光辐射具有一系列与普通光不同的特点，直观地观察，激光具有高方向性、高单色性、高相干性等特点。用辐射光度学的术语描述，激光具有高亮度等特点；用统计物理学的术语描述，激光则具有高光子简并度等特点；从电磁波谱的角度来描述，激光是极强的紫外、可见或红外相干辐射，且具有波长可调谐（连续变频）等特点。

① 激光的高方向性：激光的高方向性使其能在有效地传递较长的距离的同时，还能保证聚焦得到极高的功率密度，这两个都是激光加工的重要条件。

② 激光的高单色性：激光的单色性极高，这保证了光束能精确地聚焦到焦点上，得到很高的功率密度。

③ 激光的高相干性：相干性主要描述光波各个部分的相位关系。

④ 激光的高亮度：具有高亮度的激光束经过透镜聚焦后，能在焦点附近产生数千摄氏度乃至上万摄氏度的高温，这就使其加工几乎所有的材料成为可能。

1.1.2 激光加工产业的现状

1）激光加工的特点

激光加工是指高功率的激光集中作用于被加工物体的某一点，以实施对被加工物的高温加热、切断、焊接及熔覆等工艺。基于上述激光的特点，激光加工具有与其他加工方法不同的特点：

① 激光加工不需要任何刀具、冲裁模具，不存在刀具磨损、调换等问题，它以功率密度可调整的激光束作为“刀具”。

② 激光加工是一种无接触的加工，对工件没有机械压力或切削力，适用于加工各种不同的材料（包括金属和非金属）。尤其是对于脆性大、坚硬，以及其他常规方法难以加工的材料，有其特有的优势。

③ 由于聚焦激光束能量密度高，焦点半径极小，加工速度快，故激光加工具有热影响区小、工件热变形小、后续加工小等优点。

④ 在激光加工中，刀具是一个很小的聚焦点，激光束易于导向、聚焦、实现方向变换，极易与数控系统配合，实现计算机控制。

⑤ 激光加工生产率高，加工质量稳定，有较高的经济效益和社会效益。

2）国外激光加工工业的现状

由于激光技术的重要地位，一些经济发达国家如美国、德国等都给予了激光技术市场以巨大的政策和资金支持。世界激光器市场可以划分为三大区域：500 W 以下的中、小功率激光器是美国占优势;500 W 以上用于材料加工的高功率激光器是德国占优势;而小功率的半导体激光器则是日本占优势,占世界市场 70% 以上的份额。1998 年美国国家研究理事会发布的哈里森计划指出,“除了成功应用在信息领域外,激光技术对经济最重要的贡献是在制造业和加工业。因此,各个部门应该支持其发展,使激光技术成为一个综合性学科,增进美国经济、军事实力。”美国是最早建立激光加工站的国家,到 20 世纪末,已建立近 2000 个激光加工站。

2012 年美国发布了题为“光学和光子学:美国不可或缺的关键技术”的报告,对未来一段时间内激光科技的发展做出了预测和建议。2013 年欧洲在“光子学 21”技术平台——“奔向 2020 - 驱动欧洲经济增长的光子学 2014—2020 发展路线图”中,提出了提升激光科学与技术的发展建议。在德国,政府制定了“尤利卡计划”“激光 2000”“德国 2002—2006 光学促进计划”三个激光技术发展五年计划,使其成为世界上拥有最先进激光加工设备的国家。他们首先注重激光技术的研究和开发应用;在激光技术中又把重点放在激光材料加工领域中,而在激光材料加工领域又首先着重开发对国民经济有重大意义的工业领域如汽车、电子、钢铁等的应用项目。具有强大竞争能力而又处于领先地位的激光——光工具将得到越来越广泛的运用,传统的机械制造将被具有高精确度和高速度的光制造技术所补充或取代,在激光源小型化的趋势下,这一现象将会在所有制造领域内实现。

数据表明,2014 年全世界总的激光产业销售超过 1000 亿元。其中全球激光器市场销售额较 2013 年增长 6. 0% ,达到 93. 34 亿美元。从产业竞争格局来看,欧洲、北美、亚太地区是三大重要市场。据 Laser Manufacture News 统计,2016 年全球激光及其相关产品总值超过 380 亿美元,其中欧洲占比为 34% ,中国占比为 21% ,美国占比为 18% 左右(见图 2-1-1)。

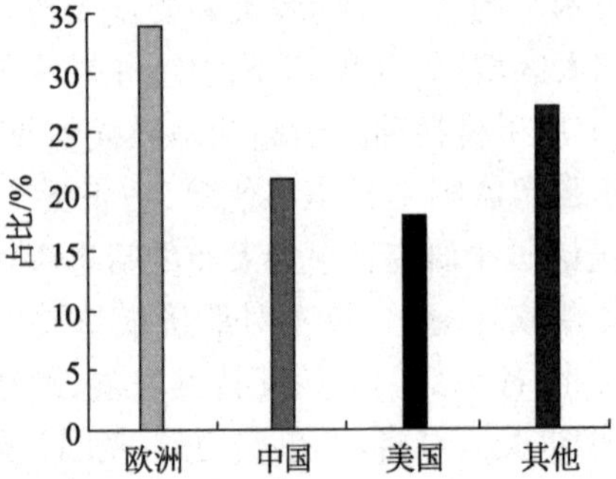

图 2-1-1　2016 年全球激光及相关产品占比

3）国外激光加工技术的发展趋势

（1）数控化和综合化

把激光器与计算机数控技术、先进的光学系统，以及高精度、自动化的工件定位相结合，形成研制和生产加工中心，已成为激光加工技术发展的重要趋势。

（2）小型化和集成化

把激光切割和冲压、焊接等组合在一台机床上，兼有激光切割的多功能性和高速高效的特点，可完成多种加工任务。

（3）高效率和高可靠性

激光器的出光效率越来越高。新型 YAG 激光器的斜度效率在泵浦功率≥20 W 时约为 81%。目前国外 YAG 激光器的重复频度已达到 2000 次/秒，Nd：YAG 激光器的平均维修寿命已提高到 1 万～2 万小时。但由于光纤激光器具有电光转化率高、输出功率大、寿命长及维护成本低等优势，YAG 激光器有逐渐被光纤激光器代替的趋势。

4）我国激光加工技术发展现状

1961 年夏，我国第一台红宝石激光器研制成功。此后短短几年内，激光技术迅速发展，产生了一批先进成果，无论是数量还是质量，都与当时国际水平接近。一项创新性技术能够如此迅速赶上世界先进行列，在我国近代科技发展史上并不多见。改革开放以来，激光技术又一次获得了空前发展的机遇。在多项国家级战略性科技计划中,激光技术受到重视。在2005年发布的《中国中长期科学和技术发展规划纲要(2006—2020年)》中,将激光技术列为2006—2020年期间重点发展的前沿技术之一。国家支持的计划都经过了充分论证和严格挑选,对国民经济和国防建设具有重要意义。从应用的水平看,我国与国际先进水平还有一定的差距,激光产业尚不成熟,集中在生产中低档的激光产品,高档产品多需要进口。目前国内销售额最大的是激光测距和准直设备,发展最快的是激光加工设备,近两年来YAG激光加工设备以46%~60%的速度增长。在"中国制造2025"的大战略背景下,中国激光产业蓬勃发展。据测算,2015年我国激光器销售总规模约为218.16亿元,2016年产业市场规模在236亿元左右,同比增长约8%,而2017年工业激光市场规模增长26%,远超行业历史增速,其中高功率激光加工增长34%。

在"中国制造2025"的大战略背景下,我国传统工业制造业面临深度转型。从激光加工市场比较来看,随着我国激光应用领域的不断扩展及应用深度的加大,未来行业需求前景看好,预计行业规模复合增速在10%以上,按照10%的复合增速保守估计,到2023年我国激光产业市场规模将达到469亿元。所有这一切都要求我国激光制造产业从产学研等多方面迅速整合,提高科研成果的转化效率。激光加工是一种高新技术,但并不是有了激光就能加工,而是需要进行大量的前期研究。所以我们应重视激光加工技术的应用与开发,推动激光加工技术在工业企业中的应用。

1.1.3　激光切割技术

激光切割利用经过聚焦的高功率激光束照射到被加工物体表面,并以一定压力的辅助气体(氧气或氮气)(由与激光束同轴的喷嘴)喷射照射点,光束的能量及活性辅助气体与工件材质发生化学反应热被材料吸收,使材料熔化甚至发生气化,随着光束与工件的相对移动,最终使材料形成切缝。在切割金属工件时往往吹送氧气或压缩空气以达到助切和吹掉熔渣的效果,切割易燃材料时则吹送氮气或惰性气体以防止燃烧。

在工业生产的全部激光加工应用中，激光切割所占比例为70%以上，是激光加工行业中最重要的一项应用技术。激光切割与传统的切割方法相比，具有高速、高效、高精度和高适应性的特点，同时还具有割缝细，热影响区、热应力、热变形小，切割面质量好，切割时无噪音，切割过程容易实现自动化控制等优点。由于光束的能量和光束的移动速度都是可以调节的，因此可以实现不同材料在不同厚度下的加工。激光切割钢板时，不需要模具，可以替代一些需要采用复杂大型模具的冲切加工方法，能大大缩短生产周期、节约材料和降低成本。因此，目前激光切割已广泛地应用于各个领域。

激光切割应用的行业和材料有：钣金、林业、增强塑料、陶瓷、宝石、汽车制造、船舶、兵器、机械制造、纺织（服装剪裁可节省衣料、提高工效）、飞机制造等。尤其在汽车工业中，广泛应用于新车型开发过程中快速切割车身样件和汽车零部件及板料冲裁。在1976年，一汽轿车厂就将激光切割技术应用于大红旗车身件修边及切孔上。20世纪90年代开始，德国大众公司狼堡厂用两台激光机器人在生产线中切右置转向盘孔和车身风板孔，切割精度达0.1 mm。20世纪末一汽大众奥迪A6和上海大众帕萨特B5实施轿车顶盖板材激光切割技术。目前激光切割市场需求量大，在全球最大的板材加工展会上，展出的设备中切割技术占65%，而激光切割又占其中的70%。

2011年以后，国内激光企业大力发展大功率光纤激光切割机。由于大功率光纤激光加工具有独特的加工优势，因此加工成本大幅下降。2017年我国激光切割成套设备销售量超过2.5万台。2017年中国激光设备市场销售总规模超过442亿元，其中激光切割设备占全国工业激光加工设备市场规模的46%。随着国家进一步推动“中国制造2025”发展战略，激光制造越来越得到重视。工艺的发展对激光切割机的要求越来越高，表现在速度、精度、维护成本等方面。同时激光切割也趋向高功率、自动化加工发展。为了达到汽车、航空等工业的立体工件切割的需要，目前已发展了各种五轴或六轴三维激光切割机，加工速度快，精度高，在6.2 m范围内加工误差在0.1 mm之内。

1.2 国内外并联机床发展现状

传统的工业机器人一般由机座、肩部、关节、手臂、末端执行器等构成，由于这些部位以串联的方式连接，因而也称为串联机器人。这种工业机器人的结构形式多样，有直角坐标、圆柱坐标、球坐标等，后来又出现了全铰链的多关节型机器人。这种机器人，在三维空间有很高的灵活性和广泛的通用性。另外，为改善工业机器人操作机的性能，又出现了冗余自由度机器人。它具有更大的灵活性，提高了避障功能，也减少了发生奇异的可能性。

在传统的串联工业机器人发展方兴未艾之时，澳大利亚著名机构学者Hunt在1978年提出将六自由度的Stewart平台机构应用到工业机器人上，形成一种六自由度的新型并联机器人。

1.2.1 并联机床的国内外研究状况

并联机器人的原型是Stewart平台。这种平台早在1965年就出现了，最初用于飞行模拟器，可以克服地球的引力使飞行员的座舱模拟加速运动，为了产生高速且很大的力，于是引进了并联运动学机构。后来有人想把这种平台应用到生产实践中去，但均告失败。原因就是当时的计算机技术远不如今天发达，无法实现庞大的实时计算工作量，所以并联机器人的发展与计算机技术的发展是分不开的。

20世纪80年代末，美国、俄罗斯(当时属苏联)等将Stewart平台应用于开发机床并取得一系列突破性的成果。20世纪90年代以来，并联机床相继在美国、日本、俄罗斯等国问世。真正将并联机构成功应用于机床是在1994年芝加哥国际机床博览会上，美国Giddings & Lewis公司推出的第一代“变轴”并联机床，即“Variax”机床；Ingersoll公司推出了第一代八面体六足虫并联机床，即Octahedral Hexapod VOH-1000。这些并联机床的推出引起了极大的轰动，被称作“机床行业的革命”，“是21世纪的新一代数控加工设备”。但此时的第一代并联机床还只能称作原型样机，大多数仅仅能够加工蜡模等易加工材料。IMTS’94极大地激发了各国对并联机床的研究热情，到1997年的德国汉诺威国际机床展览会时，各国展出的并联机床样机就已经达到了10多种。1997年后，世界各国都掀起了研究并联机床的热潮，并联机床的研制水平似乎已经成为衡量一个国家机床行业水准的标杆。到2001年的德国汉诺威国际机床展上，有多个国家的30余台并联机床参展。此时并联平台机构的应用也不仅仅局限于加工机床，种类还涉及加工中心、定位和定向机械、测量机、装配机械等。国外的并联机床发展至今，已不仅仅停留在实验型样机阶段，众多公司、研究机构成功地开发出了商品化的Ⅱ型甚至Ⅲ型产品，这些改进型并联机床虽然与高精度的传统机床相比还有一定的差距，但已经基本达到一般传统机床的性能指标，初步进入实用化阶段。例如，法国CMW公司的HEXAPODECMW300并联机床，其定位精度已达到4 μm/300 mm，重复定位精度为1 μm，X轴和Y轴最大进给速度达到50 m/min，Z轴最大进给速度达到20 m/min，主轴最高转速可高达100000 r/min。国外新型并联机床的进给速度一般为30～100 m/min，最高加速度为4.5～20 m/s^2（一些实验机型可达3.5g～5g），定位精度在10 μm左右，高的可达4 μm，重复定位精度在5 μm左右，高的可达1 μm。

在中国，早在20世纪80年代初，燕山大学在黄真教授的带领下就开始对并联机构进行系统的研究。北京第5届中国国际机床展览会上，俄罗斯Lapik公司展出了加工、测量两用的TM－750型并联机床，引起了中国许多科研院所、大学和企业的极大兴趣。他们看到了并联机床的应用前景，并在随后的一段时间里有力地促进了中国并联机床的研究工作。从1998年开始，我国的各个研究单位取得了一系列标志性成果：清华大学和天津大学合作并于1998年研制成功我国的第一台基于Stewart平台机构的大型镗铣类并联机床原型样机VAMTIY，在2001年的中国国际机床展览会上推出了与昆明机床股份有限公司合作开发的 XNZ63 数控镗铣类虚拟轴机床和与江东机床有限公司合作开发的 XNZ2010 数控龙门式虚拟轴机床,在 2002 年的中国国际机床展览会上又展示了与大连机床集团合作研制的 DCB510 五轴联动并联机床。东北大学于 1998 年建成我国首台五轴联动三杆并联机床 DSX5 - 70。天津大学与天津第一机床总厂合作于 1999 年研制成功三坐标并联机床 Linapod。哈尔滨工业大学在 2001 年的中国国际机床展览会上推出了与哈尔滨量具刃具厂合作开发的 6 - SPS 并联机床,在 2002 年的中国国际机床展览会上联合展出了七自由度并联机床。国防科学技术大学和香港科技大学联合研制了银河—2000 并联机床。北京理工大学于 2000 年 6 月制成六自由度 BKX - I 型变轴数控机床样机。河北工业大学开发了新型五自由度五轴数控并联加工中心的试验样机,并且申请了专利。西安交通大学和汉江机械厂于 2002 年联合为浙江省金华市清华实业有限公司研制八轴联动混联式机床,用于加工大型高精度船用螺旋桨。中科院沈阳自动化研究所的 SIA/CAS 并联机床是目前在国际网站上查到的唯一的中国的并联机床。另外,中科院沈阳自动化研究院、东北大学、哈尔滨工业大学、北京理工大学、北京邮电大学、北京航空航天大学等院校和科研院所在 Stewart 平台机构的基础理论研究方面取得了一系列成果。2007 年齐二机床集团有限公司与清华大学联合承担国家 863 项目,开发的 XNZ2430 型重型龙门混联机床荣获 2007 年中国国际工业博览会最高奖——金奖。2008 年哈尔滨量具刃具集团有限责任公司引进使用 Exechon 公司并联机床最新专利技术推出了新一代并联机床 LINKS - 700,标志着我国并联机构数控机床研究开发的新阶段。

1.2.2 并联机床的特点

传统机床中,驱动刀具与工件做相对运动的进给轴按照笛卡尔坐标布置,即采用床身、立柱、主轴箱等部件串联而成的非对称“C”型布局,为串联、开链结构。这种机床的优点是各轴运动相互独立、运动控制比较简单、作用空间大、灵活性好等。为了实现五

轴加工,常需在传统的三轴机床上再增加两个轴来控制刀具的姿态,所有这些轴都按串联结构布置。这种布局也存在如下固有缺陷:

① 机床结构布局的不对称性可能导致受力和受热不均匀。

② 运动误差通常为各运动误差的线性累积。

③ 部件众多,结构复杂,大型部件的模块化程度差。

④ 机构结构件除了承受拉、压载荷,还承受弯曲和扭转载荷,因此为保证刚度,通常需要制造粗重的结构支承和运动部件。

⑤ 各运动部件按串联布局,一轴运动需要带动其上所有轴运动,导致运动件质量大,制约了进给速度和加速度的提高。

基于并联机构开发的并联机床,由于其运动平台由几个简单的串联运动链并行驱动,具有传统串联结构的机床无法相比的优点:

① 系统刚度重量比大。因采用并联、闭链的静定和不静定杆系结构,且在静态或准静态情况下传动构件理论上为仅受拉、压载荷的二力杆件,故传动机构的单位重量具有很高的承载能力。

② 响应速度快。运动部件惯性的大幅度降低有效地改善了伺服控制器的动态品质,允许动平台获得很高的进给速度和加速度,因而特别适合于各种高速数控作业。

③ 机械本体的体积精度较高。各关节误差能够相互抵消一部分,而串联结构机床各关节的误差是累积的。

④ 环境适应性强。通过可重组模块化设计,可构成形式多样的布局和自由度组合;在动平台上安装刀具即可进行多坐标的铣、钻、磨、抛光,以及异型刀具刃磨等加工。若装配机械手腕、电主轴、激光器或 CCD 摄像机等末端执行器,还可完成精密装配、多坐标数控加工、特种加工与测量作业。

⑤ 技术附加值高。并联机床具有"硬件"简单、"软件"复杂的特点,是一种技术附加值很高的机电一体化产品。

目前,国际学术界及工程界对研究和开发并联机床非常重视,对这种新型数控设备的工程应用前景和应用潜力非常乐观。我国有关并联机床的基础性研究当数黄真和梁崇高教授。目前这一领域也已进入实用化和工程化阶段，并历次被列入国家"九五"科教攻关项目和国家863计划，在相关基础理论研究方面已得到国家自然科学基金的资助。部分高校还将开放应用列入教育部重点项目，并得到政府部门的支持和机床骨干企业的参与。

总之，并联机床是一种具有良好应用前景的新一代制造装备。但尚有许多技术问题有待攻克，特别是在实际生产应用中，还需要进一步的研究和完善。因此，紧紧把握新一代制造设备变革的契机，大力加强对并联机床的理论研究和工程实践，对促进这种新型设备的产品化和产业化，尽快将这一高新技术转化为生产力有着深远的现实意义。这也有赖于政府、高校、科研机构和企业与用户的联合，进行通力合作与不懈的努力。

1.3　研究的意义和内容

1.3.1　研究的意义

本篇提出了将激光加工技术与并联机床相结合的观点，采用新型三平移并联机床作为激光切割的平台，首次对该机床的运动学性能和工作空间进行了较全面的分析。该机床克服了其他并联机床工作空间过小的缺陷，结构配置简单，方便控制计算，在整个运动空间无运动干涉和耦合，极大简化了并联机床系统的控制与轨迹规划问题，利于实时控制，可操作性良好。并联机床工作区域开阔、工件装卸方便、运动特性稳定使其特别适用于激光切割大型平板。将三自由度并联机床作为激光切割的应用领域，使两大先进制造技术有机结合，对发展新型的激光切割，拓宽激光技术的应用领域有一定的实用价值。

1.3.2　主要研究内容

1）新型激光切割并联机床的总体方案设计

分析目前数控激光切割机床现状和发展趋势，提出新型激光切割并联机床的观点。基于新型激光切割并联机床的总体方案设计，确定激光器类型、激光的传输方式和并联机床的并联机构构型。

2）构型设计及运动学正、逆解

对并联机床的机构构型进行分析，建立并联机构的位置正、逆解模型，在此基础上，求出其位置正、逆解及雅可比矩阵，并进行速度分析和综合、加速度的计算。

3）工作空间的计算

首先给出位置逆解方程和工作空间的约束条件，其次给出工作空间边界搜索算法，最后编写工作空间边界搜索数值计算程序进行计算，分析结构参数对工作空间的影响。

4）机构奇异性和灵活度分析、参数确定

根据设计要求和实用性，确定作业空间。根据作业空间及约束条件，确定机床的尺度参数，并对并联机床的操作性能进行研究。

5）模块化设计及运动学仿真

按照机床模块化设计的思想，对并联机床的机构进行模块划分，并根据已确定的尺度参数，创建各功能模块，按照各功能模块之间的输入输出关系，将各模块按照一定的顺序装配成数字化样机。按照零件加工轮廓的要求，通过在运动平台上定义期望运动，模拟走刀轨迹；通过仿真，对机床的运动学参数进行评价。

第2章　新型激光切割并联机床的总体方案设计

激光切割是激光加工中应用最早、使用最多的加工方法。近年来,激光切割技术发展迅速,在国际上其占比每年都以15% ~ 20%的速度增长。自1985年以来,我国激光切割技术的占比更以每年25%以上的速度增长。市场的飞速发展,促进了高速、高精度、高柔性的数控激光切割机床的开发和研制。

2.1　数控激光切割机床的现状和发展趋势

2.1.1　数控激光切割机床的现状

目前,最常见的数控激光切割机床是外形类似于普通数控机床的固定光路数控激光切割机床(见图2-2-1)。所谓固定光路,就是由激光源射出的光束经扩束透镜组扩束后,进入由圆偏振镜组成的光束传输系统,然后到达激光加工区。

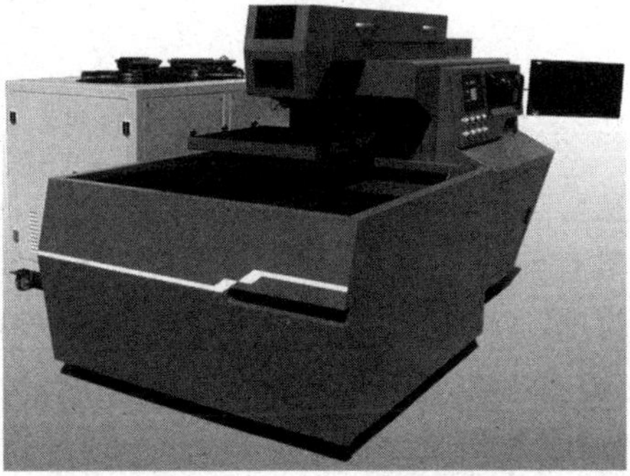

图2-2-1　固定光路数控激光切割机床

被加工工件与激光加工头之间的相对运动是由放置工件的工作台的运动来实现的，而光束传输系统自身是固定不动的。该类机床光路结构简单，稳定性好。由于光路恒定，与普通数控机床一样，被加工的工件需要做 X 轴和 Y 轴两个方向的运动，但是工作台具有一定的重量，使工作台高速运动受到一定限制，从而限制了切割速度。

随着光路系统的不断完善和工件尺寸的不断增大，出现了如图 2-2-2 所示的悬臂梁式数控激光切割机床。整机采用飞行光路设计，即光束传输系统中的斜镜可以沿光束轴方向移动，激光头与斜镜固定在一起，随斜镜移动，被切割工件可以在工作台上保持固定不动，就实现了激光头与工件之间的相对运动。飞行光路的驱动可采用直线电机直接驱动，因而定位精度高，切割速度快。此外，悬臂式结构使该类机床具有操作空间大、上下工件灵活等优点，但悬臂梁结构的最大缺点是刚度较低。

图 2-2-2　悬臂式数控激光切割机床

为了克服悬臂式数控激光切割机的缺陷，图 2-2-3 所示龙门式（也称框架式）数控激光切割机床采用了高刚度框架式结构，基于先进飞行光路原理，工件在切割时静止不动，高刚性的龙门梁通过高精度丝杠、导轨直接驱动，既具有高速、高精度的柔性加工的特点，又具有较高的刚性和加工稳定性。

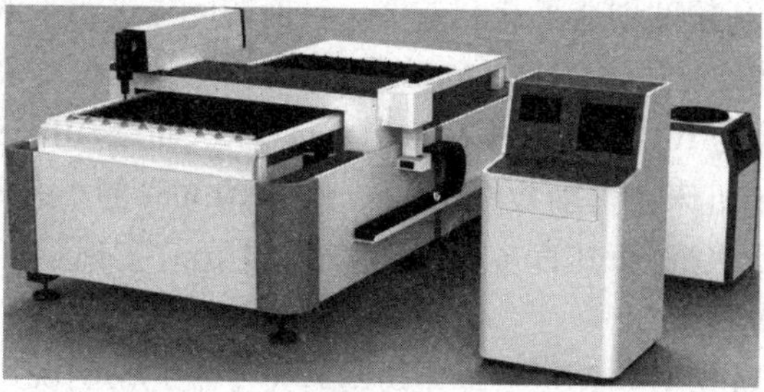

图 2-2-3 龙门式数控激光切割机床

此外，随着串联机器人的广泛应用，一向注重三维加工的人们，看到了机器人—激光复合技术的前景。世界著名的 FANUC 公司利用其具有世界领先的数字控制和瑞典著名的激光器生产商 Rofin-Sinar 合作，2003 年 4 月生产出了第一台 YAG 激光加工机器人。激光焊接机器人如图 2-2-4 所示，通过将激光器安装在机器人的操作端，机器的程序利用数控编程系统来编制。应用这种技术和设备能实现准确准时的生产和最少的机床调整时间。目前这种技术和设备已经用在板材的柔性精密切割和精密钻孔中。但这类激光切割机器人具有铰链式的串联机构，机械刚性较低，静差率大，会产生较大的位置误差，受此限制，一般加工范围较小。

图 2-2-4 激光焊接机器人

2.1.2 数控激光切割机床的发展趋势

随着现代化大规模生产的发展和自动化程度的提高，激光切割机床正向高速、高精度的数控激光切割机床，切割厚板的大型数控激光切割机床，三维立体数控激光切割机床及激光切割机器人等各种高性能切割机床和切割自动化装置发展。

1）高速、高精度激光切割机

大功率激光器光束模式的改善及微机的应用，为激光切割设备的高速、高精度创造了有利条件。目前国际先进水平的激光切割机的切割速度已达到20 m/min 以上,两轴快速运动可达250 m/min,加速度最大为10g,定位精度达0.01 mm/500 mm,采用高速、高精度的激光切割机床在切割板厚1 mm、直径10 mm 的小孔时,每分钟能切割500 多个,而其直径误差不大于50 μm,实现了真正意义上的飞行切割技术。

2)厚板切割和大尺寸工件切割的大型激光切割机床

随着可用于激光切割的激光器功率的增大,激光切割正从轻工业薄板的钣金加工向着重工业厚板切割方向发展。大功率激光器能切割最大厚度达30 mm 以上的大尺寸低碳钢板。由于厚板激光切割技术的不断改进,目前已经尝试使用小功率的激光器切割。通常需要用大功率激光器才能切割的30 mm 以上厚度的低碳钢板,并已用于试生产。此外,激光切割机的加工尺寸范围也在不断扩大。目前生产最大激光切割机的机宽可达5.5 m,长可达6 m。这都说明了厚板、大尺寸激光切割技术正在逐渐提高。

3)三维立体多轴数控激光切割机

为了满足汽车、航空等工业的立体工件切割的需要,目前已发展了各种各样的五轴或六轴三维激光切割机,其最大加工工件尺寸可达3600 mm×3600 mm×600 mm,数控轴数达到九轴,加工速度快,精度高。在6 m^2 范围内加工误差仅在0.1 mm 之内。在汽车生产线上,由于激光器性能的改善和可使用光纤进行激光束的传输,YAG 激光切割机器人的应用愈来愈多。目前,三维激光切割机正向高效率、高精度、多功能和高适应性方向发展,其应用范围将会愈来愈大。

4)激光切割单元自动化和无人化

为了提高生产率和节省劳动力,目前激光切割正向着激光切割单元和无人化、自动化方向发展。发展这种单元自动化系统,必须依赖于先进的自动控制、网络控制技术及计算机生产辅助管理系统技术等。国外已有各种各样的激光切割单元可提供市场,并有由几台大型激光切割机为核心组成的无人化的切割生产线在工厂运行。

本章研究的新型激光切割并联机床正是顺应对高性能激光切割机床的迫切需求而设计的。

2.2　新型激光切割机床的总体方案设计

任何激光加工机床的构成都包括4个主要部分：

① 激光器及其传输光路：工业用激光器主要有YAG激光器、CO_2激光器、大功率半导体激光器和全固体激光器(DPSSL)等；传输光路主要有固定光路、飞行光路及光纤传输等。

② 多自由度加工机床：激光器的工作平台，即机床及其控制系统等。

③ 激光加工工艺装备：应具备专用切割工艺参数，配有激光专用自动编程系统及自动排料、套料系统，减少编程时间，提高板材利用率。

2.2.1　激光器及激光传输方式的确定

随着激光技术的广泛应用，激光器也随之由气体激光器到固体激光器、再到二极管激光器，由低效、庞大、低速、不稳定、能耗大向高效、紧凑、快速、可靠、节能的方向发展。逐步研制生产出光纤传输灵活的固体激光器、快速高质的板条型二氧化碳激光器、结构紧凑的大功率二极管激光器、新型的盘状激光器和光纤激光器。

1）典型激光器的性能及选择

工业用典型激光器的基本性能比较见表2-2-1。

表2-2-1　各类工业用典型激光器的基本性能比较

激光器	气体激光器	固体激光器	半导体激光器
发射谱线的波长	很宽的波长范围，几乎遍布从紫外到红外整个光谱区100 nm ~ 10 μm	决定于发光粒子的能量结构，较气体激光器范围窄，0.275 ~ 3.3 μm	0.33 ~ 0.34 μm

续表

激光器	气体激光器	固体激光器	半导体激光器
光束质量	气体物质的均匀性好，输出光束质量高	聚焦性能受固体材料的致热问题困扰，但光纤传输解决了这一问题	发散角大，相干性差，输出端放置棱镜
输出功率	易于实现大功率输出	连续输出功率不如气体激光器，但峰值功率大	输出功率小
能量转换率	转换效率高	较高	效率极高
成本	较低	较 CO_2 激光器高，但寿命长	随半导体成本下降，价格便宜
尺寸	尺寸大	结构紧凑，牢固耐用	超小型
典型代表	CO_2 激光器	YAG 激光器	PN 结注入式 GaAs 激光二极管
应用	广泛应用于准直、导向、计量、材料加工、全息照相及医学、育种等	广泛应用于工业、国防、医疗和科研等领域	广泛应用于光纤通信、激光唱片、光盘、数显、准直、引信等领域

目前工业加工常用的激光器的种类繁多，其中 CO_2 激光器和 YAG 激光器这两类因其性能优势在材料加工领域占据统治地位。但是当用于激光切割时，为获得足够大的输出功率，一套 CO_2 激光器及相关设备重达数百公斤，大大制约了其在激光切割中的使用。

到了 20 世纪 80 年代，YAG 激光器在焊接、切割、打孔和标记等方面发挥出越来越大的作用。YAG 激光器的主要特点是电光转换效率高，并能直接获得紫外波长的激光，从而为大功率、小型化、低能耗、热负荷小、工作寿命长和工作稳定创造了条件。此外，YAG 激光器具有很高的峰值功率，可以直接穿透厚板。因而使用高频率、窄脉宽的 YAG 脉冲激光切割可以在不增加激光功率的情况下实现厚板的切割，其切口尺寸较 CO_2 激光器小。通常认为 YAG 激光器切割可以得到好的切割质量和高的切割精度，但在切割速度上受到限制。随着 YAG 激光器输出功率和光束质量的提高而被突破,YAG 激光器已开始挤进 10 kW 级 CO_2 激光器切割市场。JONES 和 CHEN 等使用二极管抽运 Nd^{3+}:YAG 激光器切割厚不锈钢、铬镍铁合金和大颗粒钛金属:脉冲功率 2 kW,频率 400 Hz,切口宽度和 EDM 切割的相似。激光切割 304 L 不锈钢和铬镍铁合金 600 时,切割厚度为 12.7 ~ 38.1 mm,切割速度分别为 0.102 ~ 9.73 mm/s(304 L 不锈钢)和 0.102 ~ 6.77 mm/s(铬镍铁合金 600)。随着 YAG 激光器性能的改善,它越来越广泛地应用于激光切割加工中。由此可见,选择 Nd^{3+}:YAG 激光器完全能满足板材加工的要求。

2）光纤传输 Nd^{3+}:YAG 激光

对于任何激光应用系统,特别是大功率激光加工设备来说,总存在从激光源到被加工对象的激光束传输问题。而系统性能是否优异,很大程度取决于激光束传输方式的灵活性。

在 YAG 激光束的传输中,有两种常用方式:一种是通过反射镜变换光路,即光学直线传输;另一种是采用光纤传输。前者很难满足激光加工系统的发展要求,特别是传输大功率激光束、要求光束沿复杂路径对工件进行三维或五维加工操作、需要提高能量的传递效率和光束吸收率等要求,此时采用光纤传输就能满足这些要求。

Nd^{3+}:YAG 激光切割的一个突出优点是输出激光易于光纤传输,可以使 Nd^{3+}:YAG 激光切割场合更加广泛,比如在车间外面、不能触及的建筑物部位、灾难现场、水下现场等。为了满足大工作范围的板材的激光切割,Nd^{3+}:YAG 激光的光纤传输实现了大功率激光的远距离柔性传输。

用光纤传输 Nd^{3+}:YAG 激光开创了 Nd^{3+}:YAG 激光器在工业加工中的一个崭新时代,特别是近几年来,随着半导体泵浦 Nd^{3+}:YAG 激光器的发展,Nd^{3+}:YAG 固体激光器在小型化、全固化方面取得了突破性进展。过去十年中,通过光纤传递的最大平均激光能量也由 100 W 左右增加到了 10 kW。所以,基于 Nd^{3+}:YAG 在材料加工上的优势,为适应板材加工的工作范围大的特点,决定采用 Nd^{3+}:YAG 激光器,并采用光纤传输,如图 2-2-5 所示。

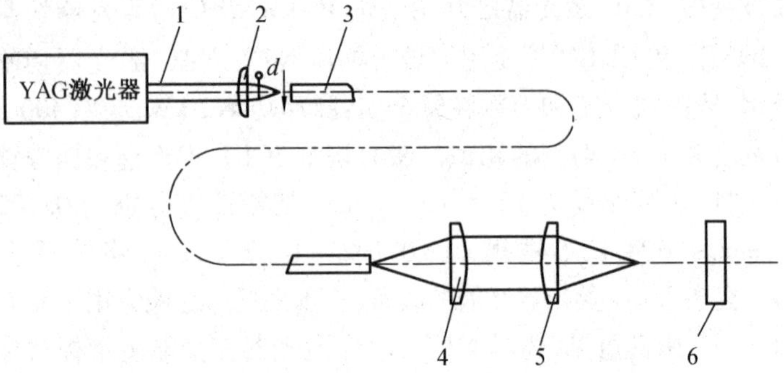

1—激光束;2—耦合透镜;3—光纤;4—准直透镜;5—聚焦透镜;6—工件

图 2-2-5　光纤传输光学系统图

光纤的传输变换是基于光的折射、反射原理,使光线产生全反射并沿光纤形成的弯曲路径传播。光纤传输 Nd^{3+}:YAG 激光有诸多优点:

① 由于光纤具有柔韧传输激光的特性,因此它可实现大范围、多任务的激光加工,激光至工件间的传输距离可达百米,特别适合于大作业空间的板材加工。这比庞大的 CO_2 激光器框架式机构或关节臂机构具有更高的成本效率。

② 光纤传输使得光束能更加灵活地传导到工件上。在整个加工范围内,所传输激光的光程为一定值,这就可以使不同的加工工位聚焦激光焦点位置和大小一致,精度高。

③ Nd^{3+}:YAG 激光束用光纤传输时,可以使多模激光束的出射光束的能量密度得到改善。

④ 光纤传输装置的均匀化效应有利于减轻 Nd^{3+}:YAG 激光器常见的热透镜现象。

⑤ 使用光纤能使激光加工实现多点加工。从激光器输出的激光经过不同分光技术分成几束,几束光各自进入光纤,就生成几个加工头。它们能同时加工,也能独立加工。

光纤传输 Nd^{3+}:YAG 激光系统主要由 5 部分组成:激光器、耦合透镜、光纤、准直透镜和聚焦透镜。在选定 Nd^{3+}:YAG 激光器后,再来确定其他部分。

① 耦合透镜的选择：主要应确定透镜的直径，激光光路中的光学元件的通光口径必须不小于高斯光束在该处的光斑半径的 3 倍，这时，激光束 99% 的能量都可以通过光学元件，并聚焦在激光焦点上。

② 光纤的选择：Nd^{3+}：YAG 激光是基于光纤的全反射原理进行传输的。适用于 Nd^{3+}：YAG 激光的光纤是纯石英光纤。按照纤芯折射率分布的方式，纯石英光纤可以分成阶跃折射率光纤和梯度折射率光纤。因为梯度折射率光纤的纤芯折射率随着半径的增加而按照一定规律逐渐减小，尤其是在最高阶模能到达纤芯和包层的分界面产生全反射，其峰值能量可以是阶跃折射率光纤的 5 倍，并且光束质量也较高。此外，在满足传输要求的情况下，应尽量选用较小直径的光纤。因为小直径的光纤对光束质量的损耗小，还可使聚焦光斑更小，从而使聚焦能量更大。

③ 准直透镜：当激光通过光纤传导到光纤输出端时，光束在光纤芯内通过多次反射，充满整个纤芯，使光斑尺寸变大，加工精度降低，而准直透镜可以大大改善其光斑质量。

④ 聚焦透镜：其作用是将激光聚焦在其像方焦平面上。聚焦光斑的大小将直接影响聚焦点的功率密度，对加工质量有极大的影响。

总之，在确定光纤传输 Nd^{3+}：YAG 激光系统时，应注意以下几点问题：

① 激光束在耦合进入光纤之前，必须准直，否则不仅耦合效率会大大下降，还很容易损坏光纤。

② 光纤种类对聚焦点的能量分布有很大影响。目前来看，多模阶跃型光纤适用于大多数激光加工场合。

③ 光纤耦合的设计要考虑多种因素，包括光束质量、光纤数值孔径等，需综合分析和计算。

④ 小直径光纤可以得到较小直径的聚焦光斑，提高聚焦点的功率密度，同时对光束的不利影响也较小。

⑤ 本机床采用的高功率激光的光纤传输尤其要设计好耦合系统和保护系统，防止反射光对设备的损害。

光纤传输的灵活性从根本上消除了机械方式的限制和光学方式的复杂性,因此特别适用于多自由度的激光切割加工。

2.2.2 新型激光切割并联机床的构型选定

随着并联机床的发展,其越来越具有独特的优良性能。将其作为激光技术的载体,可充分发挥两种强势技术的优势。起初研究开发的并联机床多为六杆机构,它有建模困难、存在运动耦合、对元件及控制精度要求高、工作空间小等不足。然而在许多场合,少自由度并联机床就能满足加工要求。为了克服六自由度并联机床工作空间小、球副造价高、精度难以保证等缺点,近年来,许多学者致力于少自由度并联机床的研究。相对于六自由度并联机床而言,少自由度并联机床驱动元件少,工作空间大,运动耦合相对较弱、控制相对较易,故费用较低、结构紧凑而具有更高的实用价值。其中,非期望输出运动为常量的少自由度并联机床尤其受到关注。此种机构大致有4类:平面三自由度并联机床、球面三自由度并联机床、三维移动并联机床和四自由度并联机床。其中第三类最多,其代表机构有以下几种:

① Delta 机构:由 12 个球副和 3 个 R 副组成,实际操作空间较小。

② Maryland 机构:由 21 个 R 副组成,较 Delta 机构精度高,制造容易,但机构存在虚约束。

③ 3 - RRC 机构:机构简单,但存在虚约束。

④ 基于双虎克铰的三平移机构:3 - RTT 机构、3 - TPT 角台机构、3 - UPU 平台机构均属此类。

⑤ 2 - RRC + SRS 机构:结构简单,运动分析容易,但其三条支链结构不全相同。

将少自由度并联机床的上述优点与本章研究相结合,用于板材切割的激光加工机床,选择虽属于第四类但尚未见到研究成果的新型三平移并联机构。该新型三平移并联机床具有驱动元件少,工作空间大,运动耦合相对较弱、控制相对较易,故费用较低、结构紧凑而刚度大,精度高而响应快,特别适用于激光切割板材加工。

2.2.3　运动与控制系统

目前国内用于数控激光加工机床的运动与控制系统有通用CNC 系统和运动控制卡系统。与通用 CNC 系统相比,基于运动控制卡的数控系统具有系统开放性好、配置灵活、结构简单、人机界面友好、二次开发方便、成本低廉等优点,越来越有取代通用 CNC 系统的趋势。该激光切割机床的控制系统及加工软件开发有待进一步研究,此处不展开探讨。

根据以上分析,确定了机床的总体方案,见表 2-2-2。

表 2-2-2　新型激光切割并联机床总体方案

主要组成部件	所选类型
激光器	Nd^{3+}:YAG 激光器
激光传输方式	光纤传输
机床	新型三平移并联机床
控制系统	运动控制卡系统

新型激光切割并联机床的总体结构如图 2-2-6 所示。

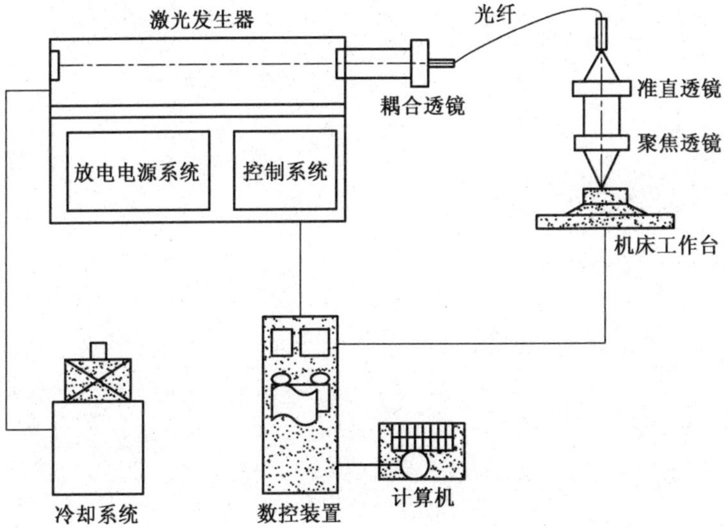

图 2-2-6　新型激光切割并联机床的总体构成

2.3 小结

本章从激光和并联机床的结合入手，通过对数控激光切割机床现状和发展趋势的分析，确定了设计新型激光切割并联机床的必要性，并对适用于大作业空间的板材加工并联机床的激光器进行了选型，对其光纤传输系统进行了论证，对选择新型三平移并联机床作为激光切割的平台的优点进行了分析，最终确定了机床的总体方案。

第3章　新型激光切割并联机床的运动学研究

并联机床机构的运动学研究是并联机床研究的基础和关键，包括正运动学和逆运动学两个方向。对并联机构进行合理简化后的运动学建模是运动学研究的第一步，而作为并联机床分析和综合基础的位置分析，是对并联机床的运动学、动力学、工作空间、奇异位形、精度分析等各项性能进行研究的前提，所以将运动学方程的正、逆解作为研究的第二步，最后基于雅可比矩阵，进行速度特性分析和综合、加速度计算等运动性能研究。

3.1　自由度分析和运动学建模

3.1.1　机构构型和自由度分析

为了克服六自由度并联机床工作空间小、球副造价高、精度难以保证等缺陷，近年来，许多学者致力于少自由度并联机床的研究。相对于六自由度并联机床而言，少自由度并联机床驱动元件少，工作空间大，运动耦合相对较弱、控制相对较易，故费用较低、结构紧凑而具有更高的实用价值。本章主要研究新型机构的发现和特殊机构的运动性能分析。在此提出一种新型三平移并联机床，其机构如图2-3-1所示。机构中，3个驱动滑块A_1、A_2、A_3都有各自的直线电机初级绕组，可在机床横梁的上、下水平导轨上移动，但它们共用一个固定在机床横梁上的次级绕组。每个驱动滑块与活动平台间由两根结构相同的定长杆相连，定长杆两端分别用虎克铰与动平台和驱动滑块连接，同一根定长杆两端的虎克铰对应轴线两两平行，故可约束动平台的转动自由度。动平台下方则安装激光头，以实现板材的激光切割。

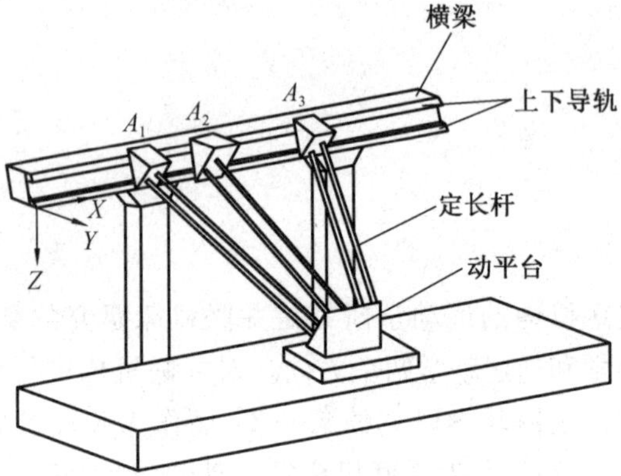

图 2-3-1　新型三平移并联机床结构示意图

由于定长杆和虎克铰的约束作用，该机构消除了动平台的三个转动自由度而保留了三个移动自由度。通过滑块 A_1、A_2、A_3 在导轨上的移动，带动动平台实现三个移动自由度，从而实现对板材的切割加工。

由于机床动平台作三个自由度的平移，在运动学分析时可将其进一步简化，可将机床动平台视为其中心点 P。该并联机床的结构简图如图 2-3-2 所示。

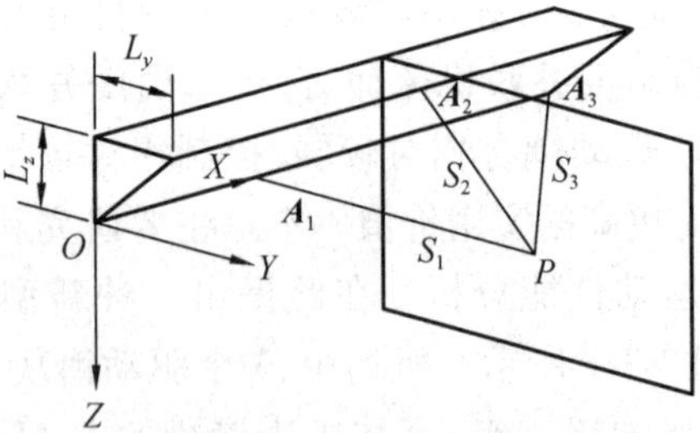

图 2-3-2　新型三平移并联机床结构简图

并联机构自由度分析是进行并联机构运动学设计的前提。空间机构的运动副组成元素包括转动副、移动副、圆柱副、球面副、平面副、虎克铰等。空间机构就是由一系列构件用这样的运动副连接而成的,分为开环空间机构和闭环空间机构两种。闭环空间机构又分单闭环机构和多闭环机构,此外还有开环和闭环的混联机构。本并联机床采用的是闭环空间机构,其自由度分析根据 Kutzhach Grubler 公式(2-3-1)来计算:

$$F = 6 \times (n - g - 1) + \sum_{i=1}^{g} f_i. \tag{2-3-1}$$

其中,F 表示空间机构的自由度数,n 表示空间机构的总构件数,g 表示运动副数,f_i表示第 i 个运动副的相对自由度。

本空间并联机构简化后的构件为 3 根定长杆、3 个滑块、1 个固定支架和 1 个动平台,所以构件总数为 $n=8$;运动副为 6 个虎克铰和 3 个移动副,故运动副总数为 $g=9$;虎克铰又称万向铰,允许两个构件间有两个相对转动自由度,即 $f=2$;移动副允许两构件沿直线做相对移动,即 $f=1$。因此该机构的自由度数为

$$\begin{aligned} F &= 6 \times (n - g - 1) + \sum_{i=1}^{g} f_i \\ &= 6 \times (8 - 9 - 1) + (2 \times 6 + 3) = 3. \end{aligned}$$

即本机构具有三自由度,经分析知三自由度为三平移自由度。

3.1.2　并联机床运动方程的建立及其正、逆解

并联机床的运动学研究主要是求解位置的正解和逆解问题。通过建立位置方程,在已知输入构件位置的条件下,求解输出构件位姿,为并联机床正解分析;反之,当已知并联机床输出件的位置和姿态,求解输入件的位置,为并联机床位置反解分析。

在运动分析中,并联机床的位置正解是一个重要而又很难解决的问题。位置正解的计算主要包括数值法和解析法。

(1) 数值法

通过求解一组非线性方程,从而获得与输入相对应的动平台的位置和姿态。数值法的优点是它可以应用于任何结构的并联机构,计算方法简单,但计算速度较慢,不能保证获得全部解,并且最终的结果与初值的选取有关。

(2) 解析法

通过消元法消去机构约束方程中未知数,从而获得输入输出

方程中仅含一个未知数的多项式。其优点是可以求解机构中所有的可能解,并能区分不同连续工作空间中的解,但推导过程复杂,计算时间长。解析法能够求得全部的解,输入输出的误差效应可以定量地表示出来,并可以避免奇异问题。

另外,一些学者应用遗传算法及神经网络这些非数值并行算法来求解 Stewart 并联机构的位置正解问题。华中理工大学吕崇耀教授提出,通过附加的位置传感器来测量某些关键结构数据以避免数值法的缺陷,加快位置正解的速度。

本三平移机构位姿较简单,故采用消元法求解位置正解。

三平移机构简图(图 2-3-2)中,在机床固定平台——横梁的左端点建立基坐标系 $O-XYZ$,点 O 为左端下端点,X 轴过点 O 沿横梁纵向指向右,Y 轴过点 O 垂直于 X 轴,并且水平向前,根据右手定则,Z 轴过点 O 垂直于 XOY 平面。因为本机构只存在平动,为简化计算,在动平台中心点 P 建立 $P-X'Y'Z'$ 坐标系,其坐标方向与基坐标系 $O-XYZ$ 方向一致。设动平台点 P 在基坐标系中的坐标为(x_0, y_0, z_0),则称已知驱动部件滑块 A_1, A_2, A_3 的位置,求动平台中心点 P 在 $O-XYZ$ 坐标系中的位置坐标(x_0, y_0, z_0)的过程为位置正解,反之称为位置逆解。

设机床横梁尺寸为 L_y、L_z,三根定长杆杆长分别为 S_1、S_2、S_3,则各驱动滑块在基坐标系 $O-XYZ$ 中的位置矢量为

$$\boldsymbol{A}_1=\begin{pmatrix}x_1\\0\\0\end{pmatrix},\boldsymbol{A}_2=\begin{pmatrix}x_2\\L_y\\-L_z\end{pmatrix},\boldsymbol{A}_3=\begin{pmatrix}x_3\\0\\0\end{pmatrix}.$$

因为动平台中心点 P 在 $O-XYZ$ 坐标系中的位置坐标为(x_0, y_0, z_0),根据矩阵的坐标变换理论,$P-X'Y'Z'$ 坐标系相对于 $O-XYZ$ 坐标系的齐次变换矩阵为

$$\boldsymbol{T}=\begin{pmatrix}1&0&0&x_0\\0&\cos\theta&-\sin\theta&y_0\\0&\sin\theta&\cos\theta&z_0\\0&0&0&1\end{pmatrix}.$$

点 P 在基坐标系中的位置矢量 ${}^{O}\boldsymbol{P}$ 为

$$ {}^{O}\boldsymbol{P} = {}^{O}_{P}\boldsymbol{R}\,{}^{P}\boldsymbol{P} + {}^{O}\boldsymbol{P}_{B0} = \boldsymbol{A}_i + S_i\boldsymbol{S}_i, i = 1,2,3 \qquad (2\text{-}3\text{-}2) $$

其中，$\boldsymbol{S}_i$ 为杆 S_i 方向的单位向量，S_i 为杆长；${}^{P}\boldsymbol{P}$ 是动平台中心点在 $P-X'Y'Z'$ 坐标系中的坐标位置，本机构中 ${}^{P}\boldsymbol{P}=(0,0,0)$；${}^{O}\boldsymbol{P}_{B0}$ 是 $P-X'Y'Z'$ 坐标系其坐标原点在基坐标系 $O-XYZ$ 中的坐标位置，本机构为 (x_0,y_0,z_0)；${}^{O}_{P}\boldsymbol{R}$ 是描述动平台坐标系 $P-X'Y'Z'$ 相对于基坐标系 $O-XYZ$ 的旋转矩阵，因为动平台坐标与基坐标方向一致，即 $\theta=0$，其值为

$$ {}^{O}_{P}\boldsymbol{R} = \begin{pmatrix} 1 & 0 & 0 \\ 0 & \cos\theta & -\sin\theta \\ 0 & \sin\theta & \cos\theta \end{pmatrix} = \begin{pmatrix} 1 & 0 & 0 \\ 0 & 1 & 0 \\ 0 & 0 & 1 \end{pmatrix} = \boldsymbol{E}(\text{单位矩阵}). $$

根据机构的杆长约束 $S_i\boldsymbol{S}_i = {}^{O}\boldsymbol{P} - \boldsymbol{A}_i = \boldsymbol{P}_i\boldsymbol{A}_i$ 建立机构的约束方程：

$$ (x_P - x_{A_i})^2 + (y_P - y_{A_i})^2 + (z_P - z_{A_i})^2 = S_i^{\,2}, i = 1,2,3. $$

也即

$$ (x_0 - x_{A_i})^2 + (y_0 - y_{A_i})^2 + (z_0 - z_{A_i})^2 = S_i^{\,2}, i = 1,2,3. \qquad (2\text{-}3\text{-}3) $$

用消元法求解式(2-3-3)，得位置正解为

$$ x_0 = \frac{S_3^2 - S_1^2 + x_1^2 - x_3^2}{2(x_1 - x_3)}, $$

$$ y_0 = \Bigg(-\frac{S_2^2 - S_1^2 - (x_0-x_2)^2 + (x_0-x_1)^2 - L_y^{\,2} - L_z^{\,2}}{2L_z^{\,2}} L_y L_z \pm L_z \Bigg(\bigg(\frac{S_2^2 - S_1^2 - (x_0-x_2)^2 + (x_0-x_1)^2 - L_y^{\,2} - L_z^{\,2}}{2L_z^{\,2}} \bigg)^2 L_y^{\,2} - (L_y^{\,2} + L_z^{\,2}) \Bigg((x_0-x_1)^2 + \bigg(\frac{S_2^2 - S_1^2 - (x_0-x_2)^2 + (x_0-x_1)^2 - L_y^{\,2} - L_z^{\,2}}{2L_z^{\,2}} \bigg)^2 - S_1^{\,2} \Bigg) \Bigg)^{1/2} \Bigg) \Big/ (L_y^{\,2} + L_z^{\,2}), $$

$$z_0 = \pm \sqrt{S_3^2-(x_0-x_3)^2-y_0^2} = \pm \Bigg(S_3{}^2-(x_0-x_3)^2- \Bigg(\Bigg(-\frac{S_2^2-S_1^2-(x_0-x_2)^2+(x_0-x_1)^2-L_y{}^2-L_z{}^2}{2L_z{}^2}L_yL_z \pm L_z\Bigg(\Bigg(\frac{S_2^2-S_1^2-(x_0-x_2)^2+(x_0-x_1)^2-L_y{}^2-L_z{}^2}{2L_z{}^2}\Bigg)^2 L_y{}^2-(L_y{}^2+L_z{}^2)\Bigg((x_0-x_1)^2+\Bigg(\frac{S_2^2-S_1^2-(x_0-x_2)^2+(x_0-x_1)^2-L_y{}^2-L_z{}^2}{2L_z{}^2}\Bigg)^2-S_1{}^2\Bigg)\Bigg)^{1/2}\Bigg)/(L_y{}^2+L_z{}^2)\Bigg)^2\Bigg)^{1/2}.$$

经整理得

$$\begin{cases} x_0 = \dfrac{S_3^2-S_1^2+x_1^2-x_3^2}{2(x_1-x_3)}, \\ y_0 = \dfrac{-KL_yL_z \pm L_z\sqrt{K^2L_y{}^2-(L_y{}^2+L_z{}^2)(P_1^2+K^2-S_1^2)}}{L_z{}^2+L_y{}^2}, \\ z_0 = \pm\sqrt{S_3^2-(x_0-x_3)^2-y_0^2}, \end{cases} \tag{2-3-4}$$

其中，$K=\dfrac{S_2^2-S_1^2-P_2^2+P_1^2-L_y{}^2-L_z{}^2}{2L_z{}^2}, P_i^2=(x_0-x_i)^2, i=1,2.$

可见该三平移并联机构的正解为显式表达式。

同理可求出其逆解为

$$\begin{cases} x_1 = x_0 \pm \sqrt{S_1^2-y_0^2-z_0^2}, \\ x_2 = x_0 \pm \sqrt{S_2^2-(y_0-L_y)^2-(z_0+L_z)^2}, \\ x_3 = x_0 \pm \sqrt{S_3^2-y_0^2-z_0^2}. \end{cases} \tag{2-3-5}$$

设计时，为保证工作空间内运动的灵活性和便于控制，取行程约束为

$$\begin{cases} x_1 < x_0, \\ x_2 < x_0, \\ x_3 > x_0. \end{cases} \tag{2-3-6}$$

所以，此时运动方程的逆解可简化为

$$\begin{cases} x_1 = x_0 - \sqrt{S_1^2 - y_0^2 - z_0^2}, \\ x_2 = x_0 - \sqrt{S_2^2 - (y_0 - L_y)^2 - (z_0 + L_z)^2}, \\ x_3 = x_0 + \sqrt{S_3^2 - y_0^2 - z_0^2}. \end{cases} \tag{2-3-7}$$

由式(2-3-4)可知，当 $x_1 = x_3$ 时，运动方程的正解有无穷多个，则该并联机构处于不定形位置。但由于式(2-3-6)的行程约束，使 $x_3 > x_1$ 恒成立，所以该并联机构并不会处于不定形位置，且该运动学方程为简明的显式表达，并无运动耦合现象。

3.1.3　位置正、逆解实例

给定新型三平移并联机构的机构参数：

为便于实现模块化设计，设定长杆等长：$S_1 = S_2 = S_3 = 160$ cm，$L_y = L_z = 20$ cm，以简化设计。

1) 运动学正解实例

给出三个滑块的位置 $x_1 = 16$，$x_2 = 36$，$x_3 = 149$，利用正解表达式(2-3-4)，求得动平台位置参数有4组解，见表2-3-1。

表 2-3-1　新型三平移并联机床的正解

动平台点 P 坐标	Ⅰ	Ⅱ	Ⅲ	Ⅳ
x_0	82.50	82.50	82.50	82.50
y_0	83.02	83.02	−83.02	−83.02
z_0	119.52	−119.52	119.52	−119.52

但根据运动约束条件 $x_0 > 0$，$y_0 > 0$，$z_0 > 0$，只有第Ⅰ组解 $P = (82.50, 83.02, 119.52)$ 成立，即 $x_0 = 82.50$，$y_0 = 83.02$，$z_0 = 119.52$。

2) 运动学逆解实例

给出动平台中心点位置 $x_0 = 126$，$y_0 = 97$，$z_0 = 104$，利用逆解方程式(2-3-5)求得8组解，见表2-3-2。

表 2-3-2　新型三平移并联机床的逆解

滑块位置	x_1	x_2	x_3
Ⅰ	199.3144	191.5362	199.3144
Ⅱ	52.6856	191.5362	52.6856
Ⅲ	199.3144	60.4638	52.6856
Ⅳ	52.6856	60.4638	199.3144
Ⅴ	199.3144	191.5362	52.6856
Ⅵ	52.6856	191.5362	199.3144
Ⅶ	199.3144	60.4638	199.3144
Ⅷ	52.6856	60.4638	52.6856

但根据约束条件 $x_1 < x_2 < x_3$，只有第Ⅳ组解存在，即 $x_1 = 52.6856$，$x_2 = 60.4638$，$x_3 = 199.3144$。

3.2　新型激光切割并联机床的影响系数和速度、加速度分析

雅可比矩阵 $\boldsymbol{J}$ 是并联机床极其重要的一个参数，是操作速度与关节速度的线性变换，可视作从关节空间向操作空间运动速度的广义传动比。它反映了操作速度与关节速度相互数量关系，或者相互影响程度，因此也被称为一阶影响系数。通过该参数可以进行机床的速度分析、受力分析及误差分析。

3.2.1　影响系数的概念

影响系数是机构学中极其重要的概念。对具有 N 个自由度的机构而言，在 N 个输入构件给定后，机构的动平台的位置就确定了。动平台的位姿可用其坐标原点的位置矢量及其旋转矩阵来表示，即

$$U = f(\phi_1, \phi_2, \cdots, \phi_N). \tag{2-3-8}$$

由于输入的运动参数 $\phi_1, \phi_2, \cdots, \phi_N$ 随时间而变化，其对时间的

导数为

$$\dot{U}=\sum_{i=1}^{N}\frac{\partial U}{\partial \phi_i}\dot{\phi}_i. \tag{2-3-9}$$

由机构的结构特点可以知道,式(2-3-8)为非线性方程,,而式(2-3-9)为线性方程。由机构学知道上式偏导数部分仅与机构的运动学尺寸(铰链的转角和位置、移动副位置和方向)及输入件的位姿,而与输入件的运动无关。这些与运动分离的一阶偏导数 $\sum_{i=1}^{N}\frac{\partial U}{\partial \phi_i}$ 就被称为一阶影响系数,又称雅可比矩阵 $\boldsymbol{J}$。

如果要求动平台的加速度,可将式(2-3-9)对时间再次求导,可得

$$\ddot{U}=\sum_{p=1}^{N}\sum_{q=1}^{N}\frac{\partial^2 U}{\partial \phi_p \partial \phi_q}\dot{\phi}_p\dot{\phi}_q+\sum_{i=1}^{N}\frac{\partial U}{\partial \phi_i}\ddot{\phi}_i=H\dot{\phi}_p\dot{\phi}_q+J\ddot{\phi}_i. \tag{2-3-10}$$

这里的二阶导数部分 $\boldsymbol{H}$ 就被定义为二阶影响系数,其矩阵形式为

$$\boldsymbol{H}=\begin{pmatrix}\frac{\partial^2 U}{\partial \phi_1 \partial \phi_1} & \frac{\partial^2 U}{\partial \phi_1 \partial \phi_2} & \cdots & \frac{\partial^2 U}{\partial \phi_1 \partial \phi_N}\\ \frac{\partial^2 U}{\partial \phi_2 \partial \phi_1} & \frac{\partial^2 U}{\partial \phi_2 \partial \phi_2} & \cdots & \frac{\partial^2 U}{\partial \phi_2 \partial \phi_N}\\ \vdots & \vdots & & \vdots\\ \frac{\partial^2 U}{\partial \phi_N \partial \phi_1} & \frac{\partial^2 U}{\partial \phi_N \partial \phi_2} & \cdots & \frac{\partial^2 U}{\partial \phi_N \partial \phi_N}\end{pmatrix}. \tag{2-3-11}$$

所以,机构的速度和加速度可以用影响系数显式地表达出来,影响系数本身的计算十分方便,易于编程。它深刻地反映了机构的本质,如前所述,由于影响系数本身与运动分离,它只与机构的运动学参数有关,与输入件位置无关,反映了机构的位姿状态。当机构的位姿改变时,两种运动影响系数也随着改变。若已知影响系数,可以用显函数的形式表示出机构的速度和加速度。

3.2.2 一阶影响系数(雅可比矩阵)和速度求解

对于三平移并联机床不存在角度转动,其运动方程的一阶偏导数定义是 $\dot{\boldsymbol{P}}=\boldsymbol{J}\dot{\boldsymbol{A}}_i$,即

$$\begin{pmatrix} \overset{*}{x}_0 \\ \overset{*}{y}_0 \\ \overset{*}{z}_0 \end{pmatrix}=\boldsymbol{J}\begin{pmatrix} \overset{*}{x}_1 \\ \overset{*}{x}_2 \\ \overset{*}{x}_3 \end{pmatrix}. \tag{2-3-12}$$

所以根据其位置正解,该并联机构的雅可比矩阵为

$$\boldsymbol{J}=\begin{pmatrix} a_{11} & a_{12} & a_{13} \\ a_{21} & a_{22} & a_{23} \\ a_{31} & a_{32} & a_{33} \end{pmatrix}. \tag{2-3-13}$$

其中,

$$a_{11}=-\frac{1}{2}-\frac{S_1^2-S_3^2}{2(x_1-x_3)^2},\ a_{12}=0,\ a_{13}=-\frac{1}{2}+\frac{S_1^2-S_3^2}{2(x_1-x_3)^2},$$

$$a_{21}=\overset{*}{y}_{01},\ a_{22}=\overset{*}{y}_{02},\ a_{23}=\overset{*}{y}_{03},$$

$$a_{31}=\frac{-2(x_0-x_3)\overset{*}{x}_{01}-2y_0\overset{*}{y}_{01}}{M},\ a_{32}=\frac{-2y_0\overset{*}{y}_{02}}{M},$$

$$a_{33}=\frac{-2(x_0-x_3)(\overset{*}{x}_{03}-1)-2y_0\overset{*}{y}_{03}}{M}.$$

式中,$M=2\sqrt{S_3^2-(x_0-x_3)^2-y_0^2}$;$\overset{*}{x}_{0i}$为 x_0 的导数,$\overset{*}{y}_{0i}$为 y_0 对 x_i 的导数,$i=1,2,3$。

所以其雅可比矩阵,即一阶影响系数为

$$\boldsymbol{J}=\begin{pmatrix} -\frac{1}{2}-\frac{S_1^2-S_3^2}{2(x_1-x_3)^2} & 0 & -\frac{1}{2}+\frac{S_1^2-S_3^2}{2(x_1-x_3)^2} \\ \overset{*}{y}_{01} & \overset{*}{y}_{02} & \overset{*}{y}_{03} \\ \frac{-2(x_0-x_3)\overset{*}{x}_{01}-2y_0\overset{*}{y}_{01}}{M} & \frac{-2y_0\overset{*}{y}_{02}}{M} & \frac{-2(x_0-x_3)(\overset{*}{x}_{03}-1)-2y_0\overset{*}{y}_{03}}{M} \end{pmatrix}. \tag{2-3-14}$$

该系数矩阵充分反映了动平台速度与滑块速度之间的关系 $\boldsymbol{v}_P=\boldsymbol{J}\boldsymbol{v}_A$。

利用前面求得的运动学方程的逆解,也可求出其逆雅可比矩阵:

$$J^{-1}=\begin{pmatrix} 1 & \dfrac{y_0}{\sqrt{S_1^2-y_0^2-z_0^2}} & \dfrac{z_0}{\sqrt{S_1^2-y_0^2-z_0^2}} \\ 1 & \dfrac{y_0-L_y}{\sqrt{S_2^2-(y_0-L_y)^2-(z_0+L_z)^2}} & \dfrac{z_0+L_z}{\sqrt{S_2^2-(y_0-L_y)^2-(z_0+L_z)^2}} \\ 1 & \dfrac{-y_0}{\sqrt{S_3^2-y_0^2-z_0^2}} & \dfrac{-z_0}{\sqrt{S_3^2-y_0^2-z_0^2}} \end{pmatrix}. \tag{2-3-15}$$

计算逆雅可比矩阵的行列式 $|J^{-1}|$:

$$\det(J^{-1})=|J^{-1}|=\frac{(A+C)(y_0L_z+z_0L_y)}{ABC}, \tag{2-3-16}$$

式中, $A=\sqrt{S_1^2-y_0^2-z_0^2}$,

$B=\sqrt{S_2^2-(y_0-L_y)^2-(z_0+L_z)^2}$,

$C=\sqrt{S_3^2-y_0^2-z_0^2}$.

显然,为防止机构出现死点,有 $A>0,B>0,C>0$;由于机构约束 $L_y>0,L_z>0$,y_0、z_0 不同时为零,所以 $y_0L_z+z_0L_y\neq0$,即 $|J^{-1}|\neq0$,且 $|J^{-1}|\neq\infty$.

结论:在有效的工作空间内,该机构不存在奇异位形,是单调域。

3.2.3　速度特性分析

雅可比矩阵是操作速度与关节速度的线性变换,利用雅可比矩阵可将滑块的滑动速度映射到运动平台上:

$$v_P=Jv_A, \tag{2-3-17}$$

其中,v_P 为动平台的速度,v_A 为滑块的速度。

$$v_P=\begin{pmatrix} v_x \\ v_y \\ v_z \end{pmatrix}, v_A=\begin{pmatrix} v_1 \\ v_2 \\ v_3 \end{pmatrix}. \tag{2-3-18}$$

在实际设计中,需要知道当运动平台速度最大时,滑块运动速度可能出现的最大值,从而为驱动设计提供依据。

由速度计算公式(1-3-17)可知:$\boldsymbol{v}_A=\boldsymbol{J}^{-1}\boldsymbol{v}_P$,即

$$\begin{pmatrix} v_1 \\ v_2 \\ v_3 \end{pmatrix}=\begin{pmatrix} 1 & \dfrac{y_0}{\sqrt{S_1^2-y_0^2-z_0^2}} & \dfrac{z_0}{\sqrt{S_1^2-y_0^2-z_0^2}} \\ 1 & \dfrac{y_0-L_y}{\sqrt{S_2^2-(y_0-L_y)^2-(z_0+L_z)^2}} & \dfrac{z_0+L_z}{\sqrt{S_2^2-(y_0-L_y)^2-(z_0+L_z)^2}} \\ 1 & \dfrac{-y_0}{\sqrt{S_3^2-y_0^2-z_0^2}} & \dfrac{-z_0}{\sqrt{S_3^2-y_0^2-z_0^2}} \end{pmatrix}\begin{pmatrix} v_x \\ v_y \\ v_z \end{pmatrix}$$

(2-3-19)

在选定结构参数为 $S_1=S_2=S_3=160$ cm,$L_y=L_z=30$ cm 的条件下,根据上述计算过程,可得该并联机床的速度特性曲线,如图 2-3-3 ~ 图 2-3-9 所示。

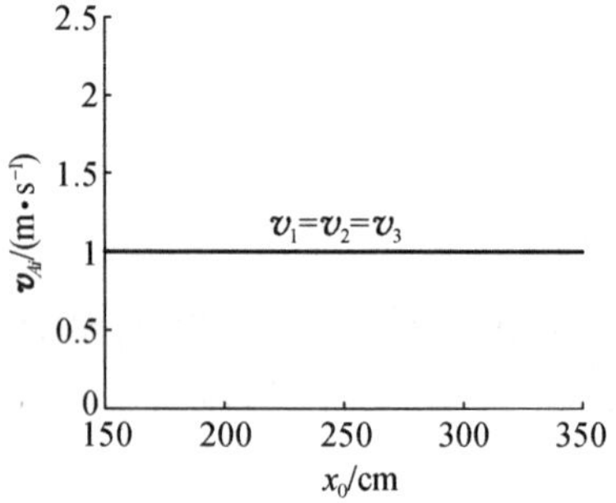

图 2-3-3　动平台速度为 v_x 时,三滑块的速度曲线

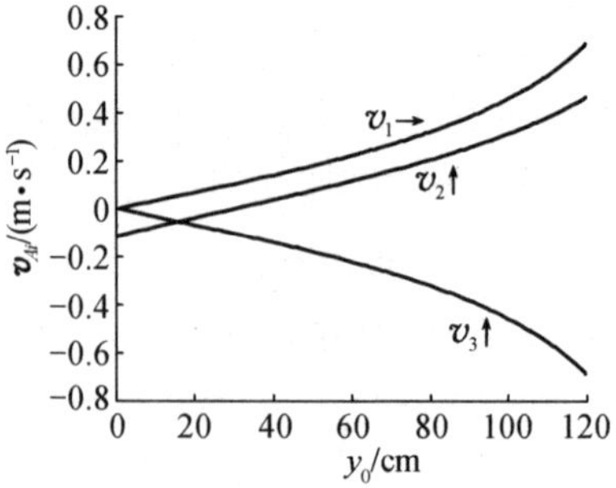

图 2-3-4　动平台速度为 v_y 时,三滑块的速度曲线(在 $z_0=60$ cm 处)

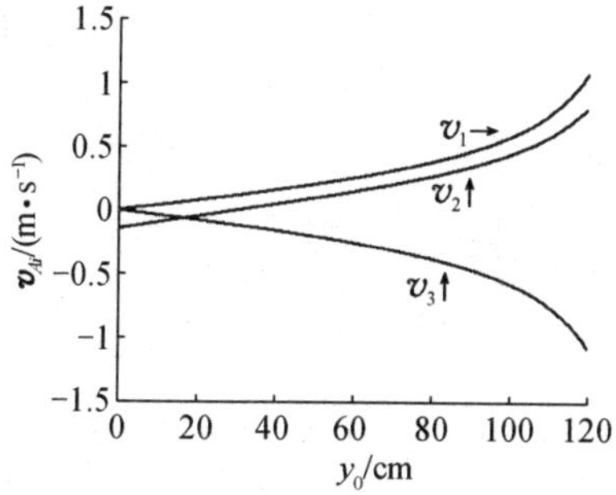

图 2-3-5　动平台速度为 v_y 时，三滑块的速度曲线（在 z_0 = 90 cm 处）

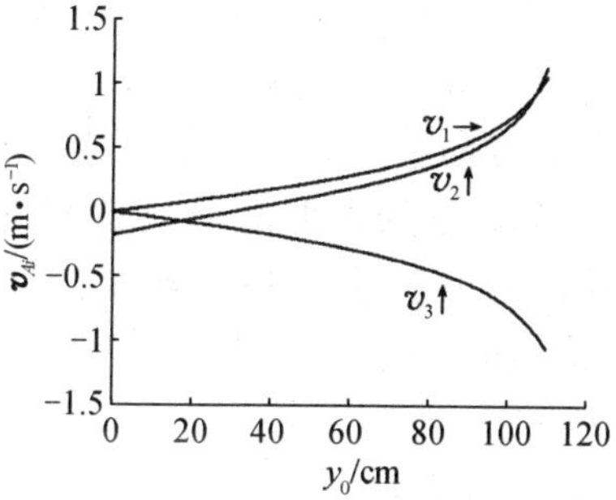

图 2-3-6　动平台速度为 v_y 时，三滑块的速度曲线（在 z_0 = 104 cm 处）

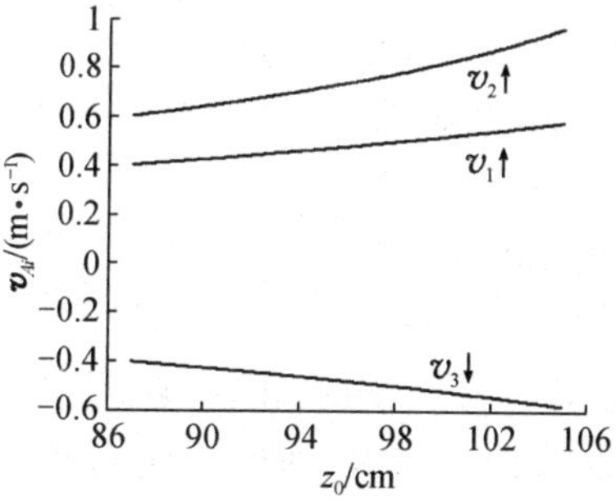

图 2-3-7　动平台速度为 v_z 时，三滑块的速度曲线（在 y_0 = 80 cm 处）

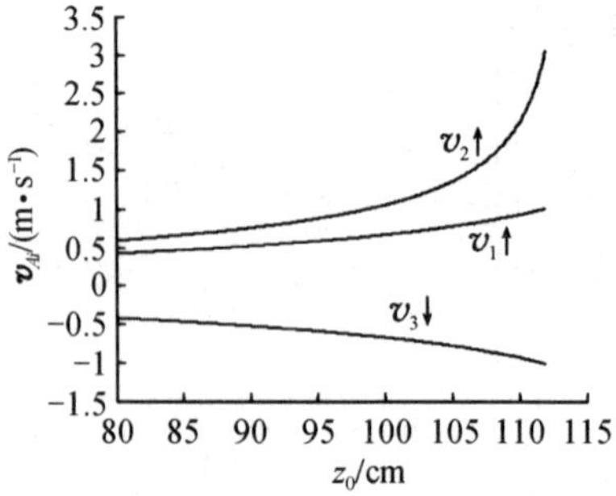

图 2-3-8　动平台速度为 v_z 时,三滑块的速度曲线(在 y_0 =100 cm 处)

图 2-3-3 表明当运动平台速度为沿 X 轴方向平动时,三个滑块的速度相等,且与其所处的位置无关。图 2-3-4、图 2-3-5、图 2-3-6 表明当运动平台沿 Y 方向平动时三个滑块的速度特性曲线,滑块 A_1 和滑块 A_3 的速度特性曲线大小相等、方向相反,滑块 A_2 的速度方向与滑块 A_1 一致,但小于滑块 A_1 的速度;还可以发现,随着 z_0 值的增大,其速度曲线的变化趋于平稳。故在截取工作空间时,z_0 取大值,更有利于切削运动的稳定性。图 2-3-7、图 2-3-8、图 2-3-9 是活动平台沿 Z 轴匀速平动时三个滑块的速度特性曲线,从中可知滑块 A_1 和滑块 A_3 的速度大小相等方向相反,而滑块 A_2 的速度此时大于滑块 A_1 的速度,但方向与滑块 A_1 一致。同时,由图观察可知,当运动平台远离机床横梁时速度曲线曲率增大,速度变化剧烈,越靠近机床横梁,速度曲线越平稳,所以在截取工作空间时,应尽量靠近机床横梁。

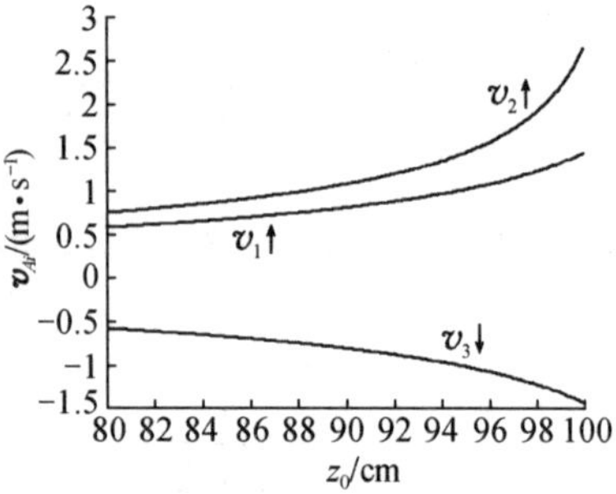

图 2-3-9　动平台速度为 v_z 时,三滑块的速度曲线(在 y_0 =120 cm 处)

3.2.4　速度综合

在实际设计时,应根据活动平台的速度确定滑块的最大速度,从而为驱动装置的设计和滑块控制提供依据。

设已知动平台的最大速度为$(\boldsymbol{v}_P)_{max}$，且可沿 X 轴、Y 轴和 Z 轴方向的分解为 $v_x = v_y = v_z = v$，根据式(2-3-19)，可求得三个滑块的速度 v_1、v_2、v_3，见表 2-3-3。

表 2-3-3　三个滑块速度与动平台最大速度之间的关系

滑块	动平台的最大速度/(m·s^{-1})			动平台的位置/cm		滑块速度/(m·s^{-1})
	v_x	v_y	v_z	y_0	z_0	v_i
A_1	v	v	v	100	95	3.4v
	v	v	0	100	95	2.23v
	v	0	v	100	95	2.17v
	0	v	v	100	95	2.4v
	v	0	0	100	95	v
	0	v	0	100	95	1.13v
	0	0	v	100	95	1.17v
A_2	v	v	v	100	95	3.74v
	v	v	0	100	95	1.983v
	v	0	v	100	95	2.757v
	0	v	v	100	95	2.74v
	v	0	0	100	95	v
	0	v	0	100	95	0.983v
	0	0	v	100	95	1.757v
A_3	v	$-v$	$-v$	100	95	3.4v
	v	$-v$	0	100	95	2.23v
	v	0	$-v$	100	95	2.17v
	0	$-v$	$-v$	100	95	2.4v
	v	0	0	100	95	v
	0	v	0	100	95	$-1.13v$
	0	0	v	100	95	$-1.17v$

由表 2-3-3 可知，当动平台在 X、Y、Z 三个方向均有速度分量时，受其合成速度的影响，滑块 A_2 的速度最大，约为动平台的 3.74 倍；当动平台只存在 X、Y 两个方向分量时，滑块 A_1 和 A_3 的速度最大，约为动平台的 2.23 倍；当动平台只存在 X、Z 两个方向分量时，滑

块 A_2 的速度最大，约为动平台的 2.757 倍；当动平台只存在 Y、Z 两个方向分量时，滑块 A_2 的速度最大，约为动平台的 2.74 倍；当动平台只存在 X 方向分量时，滑块 A_1、A_2 和 A_3 的速度相等，都等于动平台的平动速度；当动平台只存在 Y 方向分量时，滑块 A_1 和 A_3 的速度最大，且速度大小相等、方向相反，大约等于动平台的 1.13 倍；当动平台只存在 Z 方向分量时，滑块 A_2 的速度最大，约为动平台的 1.757 倍，滑块 A_1 和 A_3 的速度相等、方向相反，大约等于动平台的 1.17 倍。

所以，通过并联机床速度综合，可以分析出在动平台的移动速度一定的情况下，各滑块的速度特性，并且和上述速度特性曲线完全一致。

3.2.5 加速度分析

为了得到并联机构的加速度关系式，采用直接对速度关系式求导的方法。

设动平台三维移动的加速度 $\boldsymbol{a}_P$ 在基坐标系 $O-XYZ$ 的分量分别表示为 (a_x, a_y, a_z)，三个滑块的输入加速度表示为 $a_i(i=1,2,3)$，则将式 $\boldsymbol{v}_A=\boldsymbol{J}^{-1}\boldsymbol{v}_P$ 的两端再一次求导，可以得到加速度逆解的显式表达，即

$$\boldsymbol{a}_A=(a_1,a_2,a_3)^{\mathrm{T}}=\dot{\boldsymbol{v}}_A=\boldsymbol{J}^{-1}\dot{\boldsymbol{v}}_P+\dot{\boldsymbol{J}}^{-1}\boldsymbol{v}_P=\boldsymbol{J}^{-1}\boldsymbol{a}_P+\boldsymbol{v}_P^{\mathrm{T}}\boldsymbol{H}\boldsymbol{v}_P. \tag{2-3-20}$$

将式(2-3-20)再次求导，得

$$\begin{aligned}
a_1 &= a_x+y_0Aa_y+Av_y^2+y_0^2A^3{v_y}^2+z_0Aa_z+Av_z^2+z_0^2A^3v_z^2\\
&=(a_x+y_0Aa_y+z_0Aa_z)+(Av_y^2+y_0^2A^3v_y^2+Av_z^2+z_0^2A^3v_z^2),\\
a_2 &= a_x+(y_0-L_y)Ba_y+Bv_y^2+(y_0-L_y)^2B^3{v_y}^2+\\
&\quad (z_0+L_z)Ba_z+Bv_z^2+(z_0+L_z)^2B^3v_z^2\\
&=[a_x+(y_0-L_y)Ba_y+(z_0+L_z)Ba_z]+[Bv_y^2+\\
&\quad (y_0-L_y)B^3{v_y}^2+B{v_z}^2+(z_0+L_z)^2B^3{v_z}^2],\\
a_3 &= a_x-(y_0Ca_y+Cv_y^2+y_0^2C^3v_y^2)-(z_0Ca_z+Cv_z^2+z_0^2C^3v_z^2)\\
&=(a_x-y_0Ca_y-z_0Ca_z)-(Cv_y^2+y_0^2C^3v_y^2+Cv_z^2+z_0^2C^3v_z^2).
\end{aligned}$$

整理得加速度逆解表达式为

$$
\begin{aligned}
\boldsymbol{a}_A &= (a_1, a_2, a_3)^{\mathrm{T}} \\
&= \begin{pmatrix} (a_x + y_0 A a_y + z_0 A a_z) + (A v_y^2 + y_0^2 A^3 v_y^2 + A v_z^2 + z_0^2 A^3 v_z^2) \\ a_x + (y_0 - L_y) B a_y + (z_0 + L_z) B a_z] + [B v_y{}^2 + (y_0 - L_y) B^3 v_y^2 + \\ B v_z^2 + (z_0 + L_z)^2 B^3 v_z^2] \\ (a_x - y_0 C a_y - z_0 C a_z) - (C v_y^2 + y_0^2 C^3 v_y^2 + C v_z^2 + z_0^2 C^3 v_z^2) \end{pmatrix} \\
&= \begin{pmatrix} 1 & y_0 A & z_0 A \\ 1 & (y_0 - L_y) B & (z_0 + L_z) B \\ 1 & -y_0 C & -z_0 C \end{pmatrix} \begin{pmatrix} a_x \\ a_y \\ a_z \end{pmatrix} + \\
&\quad \begin{pmatrix} A v_y^2 + y_0^2 A^3 v_y^2 + A v_z^2 + z_0^2 A^3 v_z^2 \\ B v_y^2 + (y_0 - L_y) B^3 v_y^2 + B v_z^2 + (z_0 + L_z)^2 B^3 v_z^2 \\ -(C v_y^2 + y_0^2 C^3 v_y^2) - (C v_z^2 + z_0^2 C^3 v_z^2) \end{pmatrix} \\
&= \boldsymbol{J}^{-1} (a_x, a_y, a_z)^{\mathrm{T}} + \boldsymbol{R} = \boldsymbol{J}^{-1} \boldsymbol{a}_P + \boldsymbol{v}_P^{\mathrm{T}} \boldsymbol{H} \boldsymbol{v}_P.
\end{aligned}
\tag{2-3-21}
$$

其中，

$$
\begin{aligned}
\boldsymbol{R} &= (R_1, R_2, R_3)^{\mathrm{T}} \\
&= \begin{pmatrix} A v_y^2 + y_0^2 A^3 v_y^2 + A v_z^2 + z_0^2 A^3 v_z^2 \\ B v_y^2 + (y_0 - L_y) B^3 v_y^2 + B v_z^2 + (z_0 + L_z)^2 B^3 v_z^2 \\ -(C v_z^2 + z_0^2 C^3 v_z^2) - (C v_y^2 + y_0^2 C^3 v_y^2) \end{pmatrix} \\
&= \boldsymbol{v}_P^{\mathrm{T}} \boldsymbol{H} \boldsymbol{v}_P,
\end{aligned}
$$

$$A = \sqrt{S_1^2 - y_0^2 - z_0^2},$$

$$B = \sqrt{S_2^2 - (y_0 - L_y)^2 - (z_0 + L_z)^2},$$

$$C = \sqrt{S_3^2 - y_0^2 - z_0^2}.$$

因为$\boldsymbol{J}^{-1}$非奇异，故有

$$
\begin{aligned}
(a_x, a_y, a_z)^{\mathrm{T}} &= \boldsymbol{J}(a_1, a_2, a_3)^{\mathrm{T}} - \boldsymbol{J}\boldsymbol{R} \\
&= \boldsymbol{J}(a_1, a_2, a_3)^{\mathrm{T}} - \boldsymbol{J}\boldsymbol{v}_P^{\mathrm{T}} \boldsymbol{H} \boldsymbol{v}_P.
\end{aligned}
\tag{2-3-22}
$$

式(2-3-22)正是本机构的加速度正解。

3.3 小结

本章对新型三自由度并联机床系统地进行了运动学分析和综

合,是并联机床控制技术、工作空间研究的基础。首先对一种新型三平移自由度的并联机床进行机构分析和自由度求解,在此基础上进行运动学建模,并求出其正、逆解。由结果可知,该并联机构的运动学正、逆解计算简单,为显式表达,所以易求出其雅可比矩阵(一阶影响系数)。其次通过速度特性的分析,获得了三个滑块间运动速度的关系及其与动平台速度的关系,并且速度特性曲线连续而且光滑,没有突出的尖点,体现出本机构运动的平稳性,最后求出了机构的加速度正、逆解。

第4章　新型激光切割并联机床的工作空间研究

工作空间分析与综合是并联机床设计中的重要环节，前者涉及在已知动平台、固定平台尺度参数、铰链的约束条件、支链干涉等因素的条件下，确定末端执行器（动平台）的可达活动范围，后者涉及给定工作空间大小和性能指标确定并联机构的结构尺寸。

4.1　新型激光切割并联机床的奇异位形研究

对于串联机构而言，由于各个关节是独立的，它的奇异点比较容易分析，如果使串联机构前向运动学的雅可比矩阵降秩的点就是它的奇异点，那么串联机构的末端执行器将失去一个或几个自由度。而对于并联机构而言，其关节不都是独立的，而是满足一定的约束条件。并联机构的奇异点，也被称作并联机构的特殊形位，一般是指机构的瞬时运动无法确定或机构无法运动的点。当机构处于特殊形位时，其雅可比矩阵为奇异阵，即其行列式为零，此时，并联机构的动平台有多余自由度。即使机构处于特殊形位附近，机构的精度、刚度及运动学和动力学性能也会显著下降，甚至机构会失去控制。因此并联机床不仅要避免特殊形位，而且要避免在特殊形位附近区域工作。

由式(2-3-16)可得本并联机构的逆雅各比行列式，因为逆雅可比矩阵的行列式不等于零，所以逆雅可比矩阵是雅可比矩阵的逆矩阵，故雅可比矩阵行列式公式为

$$\det(\boldsymbol{J}) = |\boldsymbol{J}| = 1/|\boldsymbol{J}^{-1}| = \frac{ABC}{(A+C)(y_0L_z + z_0L_y)}. \qquad (2\text{-}4\text{-}1)$$

式中，$A=\sqrt{S_1^2-y_0^2-z_0^2}$，

$B=\sqrt{S_2^2-(y_0-L_y)^2-(z_0+L_z)^2}$，

$C=\sqrt{S_3^2-y_0^2-z_0^2}$.

设 A、B、C 中至少有一个为零，且不全为零时，满足下列条件之一：

$$x_0=x_1,x_0=x_2,x_0=x_3. \tag{2-4-2}$$

但根据机构的约束条件，实际中该条件不存在，所以

$$|\boldsymbol{J}|\neq 0. \tag{2-4-3}$$

即本并联机构的雅各比行列式不可能等于零，换句话说，本机构不存在奇异位形。

4.2 新型激光切割并联机床的工作空间分析

并联机构的工作空间是指并联机床正常工作时，动平台上执行器在空间活动的最大范围，是衡量并联机床性能的重要指标之一，决定着并联机床的整体尺寸。工作空间是一个三维的空间区域，有一定的体积和形状。一般认为体积越大，机床的加工范围就越大。

根据动平台工作时的位姿特点，工作空间又可分为可达工作空间和灵活工作空间。可达工作空间是指动平台上某一参考点可以达到的所有点的集合，这种工作空间不考虑动平台的位姿。灵活工作空间是指动平台上某参考点可以从任何方向到达的点的集合。灵活工作空间是可达工作空间的一部分（称为一级子空间），而可达工作空间的其余部分成为可达工作空间的二级子空间。在二级子空间内，动平台只能在一定的位姿范围内达到某一点，也就是说，这时动平台的位姿是受限制的。所以机床的工作空间应为灵活工作空间。

4.2.1 单开链子空间分析

参看图 2-3-2，按 $P\to A_i\to O$ 的顺序将机构拆分为 3 条单开链，因为动平台只有平动，对于每条支链只有滑块 A_i 的位置参数 x_i 是

变化的，其他结构参数 S_i、L_y、L_z 都是常数，所以其运动学方程有 $S_i^2 = (x_0 - x_i)^2 + (y_0 + e)^2 + (z_0 + f)^2$ 的表达形式。它表示各单开链子空间是以各自滑块位置为圆心，以杆长 S_i 为半径的三个球面 γ_1、γ_2、γ_3。

γ_1、γ_3 的球面方程为：$S_i^2 = (x_0 - x_i)^2 + y_0^2 + z_0^2$，其中 $i = 1,3$。即 γ_1、γ_3 是以 $(x_i,0,0)$ 为圆心，S_i 为半径的球体。随着 x_i 的变化，滑块左右移动，球体沿 X 轴左右移动，从而包络出圆柱体。由于 $x_1 > 0$，所以包络曲面 γ_1 的左端面为凹球面，中间为圆柱体，右端为半球体，如图 2-4-1a 所示。x_3 必须在导轨的区间范围内，$x_3 < L_{max}$（导轨最大长度），γ_3 的形状正好与 γ_1 相反，即右端为凹球面、左端为半球体，两单开链子空间在 X 方向共轴，所以两个单开链子空间的交集呈现两头为半凹球形、中间为圆柱体的形状，如图 2-4-1b 所示。

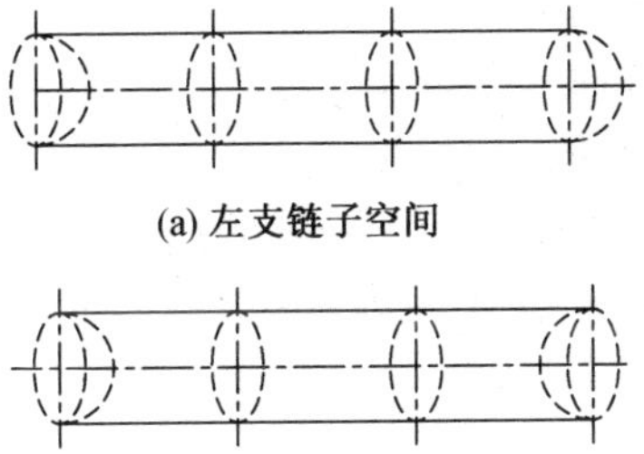

(a) 左支链子空间

(b) 左右支链子空间交集

图 2-4-1　支链子空间简图

γ_2 的球面方程为：$S_2^2 = (x_0 - x_2)^2 + (y_0 - L_y)^2 + (z_0 + L_z)^2$。即 γ_2 是以 $A_2(x_2, L_y, -L_z)$ 为圆心，S_2 为半径的球体。随着 x_2 的变化，球体沿 X 轴方向左右移动，从而形成两头为球头，中间为圆柱体的形状。所不同的是，该球体的球心位置不在 X 轴上，但随 x_2 的变化形成的子空间的回转轴线与 X 轴平行。

综上，本机构工作空间应由 γ_1、γ_2、γ_3 三个曲面相交而成，工作空间的侧面为该相交曲面沿 X 轴方向运动的包络面。为简化结构，易于实现模块化设计，取三根定长杆等长，即 $S_1 = S_2 = S_3$，则有 $x_0 = (x_1 + x_3)/2$，故工作空间关于 x_1、x_3 中心平面左右对称，同时受各约束条件的限制，各曲面 γ_1、γ_2、γ_3 并非整球体，而只是部分球体。由机构分析可知，由于导轨足够的长，所以本机构的工作空间无空洞。机床工作空间简图如图 2-4-2 所示。

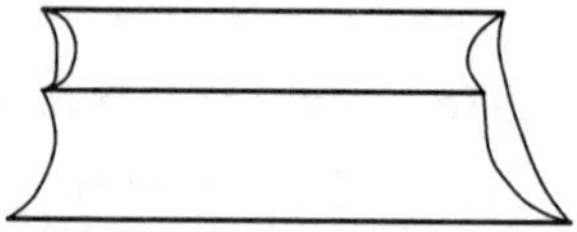

图 2-4-2　机床工作空间简图

4.2.2　工作空间的约束条件

并联机床的工作空间一般存在 4 个约束条件：

① 驱动杆位置的变化，运动副转角的约束及并联机床机构的相关尺寸。

② 铰链点在平台上的位置。

③ 为避免奇异而采取的几何约束。

④ 驱动杆的干涉。

由于本机构为定长杆，且动平台作平动，故定长杆没有干涉，也不存在奇异位形，因此影响本机构工作空间的主要因素为滑块的行程和虎克铰的转角约束。

1）滑块的行程约束

为了保证运动的可靠性，限制移动平台始终在滑块 A_2 和 A_3 之间，而不发生杆件的运动干涉问题，故存在滑块的行程约束：

$$\begin{cases} x_0 > x_1, \\ x_0 > x_2, \\ x_0 < x_3. \end{cases} \tag{2-4-4}$$

此外，受导轨长度的限制，滑块在导轨上的位置变化范围受到限制，$x_1 > L_{\min}$，$x_3 < L_{\max}$（其中 $L_{\min}$ 和 $L_{\max}$ 分别表示导轨的左右极限位置）。

2）虎克铰的转角约束

由于本机构各定长杆两端通过虎克铰分别与动平台和滑块相连，受虎克铰结构特点的影响，其不发生干涉的最大圆锥角为

$$\Phi_{\max} = \max\{\alpha_1, \alpha_2, \alpha_3\}, \tag{2-4-5}$$

其中，α_1、α_2、α_3 为三根定长杆的轴线和虎克铰的安装轴线的夹角。

4.2.3　工作空间的求解方法

并联机构工作空间的求解方法主要有解析法和数值法两种，并且在解析法的基础上，又发展出了几何法。实际上，并联机构的解析法求解是一个非常复杂的问题，它在很大程度上依赖于机构位置的正解，而在其基础上发展起来的几何法则具有较高的实用价值。几何法直观，但无法揭示尺度参数对工作空间性能的影响规律。数值法则以求解工作空间的边界为目的，进行迭代搜索，使求解过程既直观、简明，又具有数值法的准确、计算速度快的特点。故本机构采用数值法和基于 MATLAB 的图形显示，既直观生动，又准确无误。

由前述分析可知，由于本机构工作空间无空洞，故工作空间求解只需求解工作空间外边界。为简化计算，工作空间的计算很大程度上依赖于运动学逆解，故本章利用基于运动学逆解的工作空间极限边界数值搜索算法。

1）工作空间中的点满足的条件

① 使逆解方程同时都有实数解的条件，即

$$\begin{cases} \Delta_1 = \sqrt{S_1^2 - y_0^2 - z_0^2} \geqslant 0, \\ \Delta_2 = \sqrt{S_2^2 - (y_0 - L_y)^2 - (z_0 + L_z)^2} \geqslant 0, \\ \Delta_3 = \sqrt{S_3^2 - y_0^2 - z_0^2} \geqslant 0. \end{cases} \tag{2-4-6}$$

② 行程约束见式(2-4-4)。

③ 虎克铰的转角约束见式(2-4-5)。

2）算法描述

求解工作空间内所有点的算法是：通过并联机构运动学位置逆解，将动平台点 P 的位置坐标(x_0, y_0, z_0)对应的滑块行程 x_1、x_2、x_3求出，只要同时符合上述条件，即可判断该位置点在工作空间内，否则在工作空间外。但是，根据该算法，我们得到的是所有点的集合，这些点在三维空间看不出实际的三维图形的形状轮廓。在此基础上，我们可以得到该算法的变量的实际范围。用此实际的变量范围，再采用极限边界搜索法，先将理论上存在的三维图形沿 Z 轴等分成 n 等份，然后逐个将所有截面内的边界曲线搜索出来；同理，沿 X 轴或 Y 轴逐个将所有截面内的边界曲线搜索出来，最后由边界曲线可以描绘出工作空间的三维轮廓。

为了反映机构工作空间的实际形状，可先在工作空间的范围内选一截面搜索出全部解，以检验该截面的实际轮廓形状。然后以 MATLAB 语言编程求解各种情况下的工作空间。在整个搜索过程中，步长取得越小结果越精确，但会增加运算数据量和程序运行时间。

(1) 确定工作空间的最高、最低截面

对 z 进行一维搜索算法说明如下：

给出迭代的初始值 out z_0 和 in z_0，并确保 out z_0 在工作空间之外，即使 out z_0 足够大，如令 out $z_0 = S_1 + 40$（S_1 为杆长），而 in z_0 一定在工作空间内。取（z_0 − in z_0）> 0.01，此为迭代精度，该值越小计算精度越高，但运算速度越慢。迭代过程如下：min z_0 =（out z_0 + in z_0）/2；z_0 = min z_0；如果（x_0, y_0, z_0）是工作空间中的点，即满足上述条件，则取 in z_0 = min z_0，否则 out z_0 = min z_0。最终 z_0 收敛于 $(z_0)_{max}$。

同理，给定 out z_0 在工作空间之外，且足够的小；in z_0 属于工作空间内，则算法收敛于 $(z_0)_{min}$。具体算法如图 2-4-3 所示。

(2) 工作空间截面等高线

从 $(z_0)_{min}$ 到 $(z_0)_{max}$ 进行等高度裁切，当 $z_0 = z_i$ 时，求此截面上的 $(x_0)_{min}$ 和 $(x_0)_{max}$，然后从 $(x_0)_{min}$ 到 $(x_0)_{max}$ 进行等距离切割，当 $x_0 = x_j$ 时，因无空洞，可求得该直线上的 $(y_j)_{min}$ 和 $(y_j)_{max}$，记录此两点 $(x_j, (y_j)_{min})$ 和 $(x_j, (y_j)_{max})$。以此类推，可求得任何 $z_0 = z_i$ 平面上的等高线。其算法如图 2-4-4 所示。

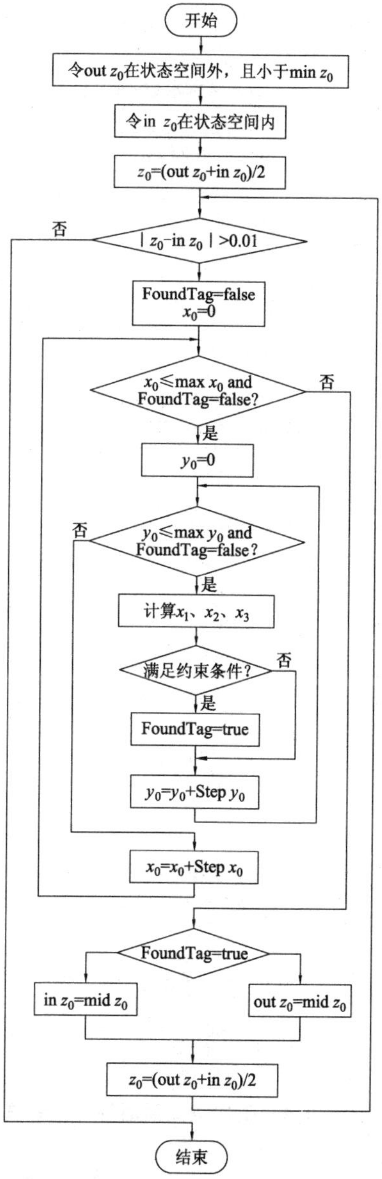

图 2-4-3　工作空间最小高度算法

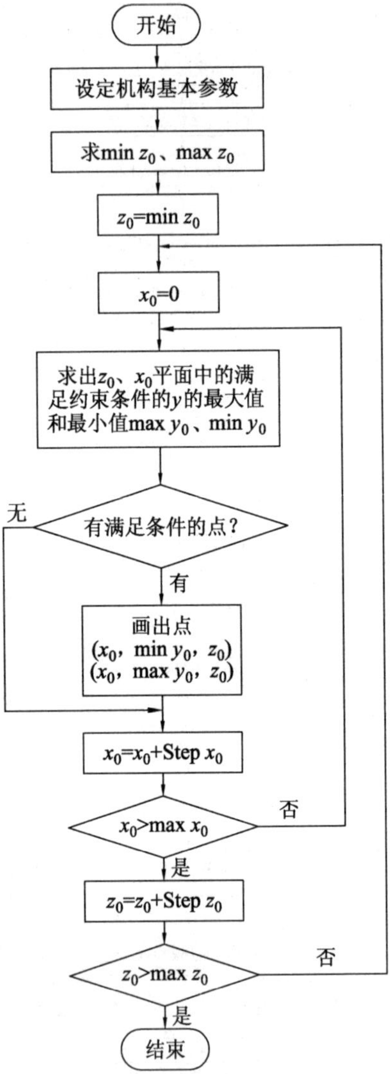

图 2-4-4　工作空间截面等高线算法

经软件运行计算，该机床工作空间如图 2-4-5 所示。

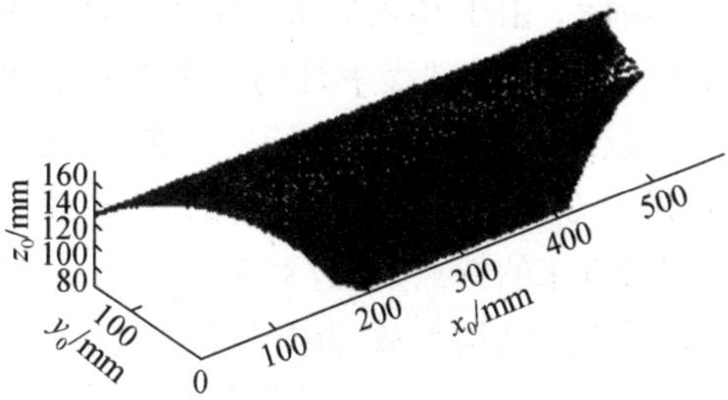

图 2-4-5　新型激光切割并联运动机床工作空间

(3) 确定工作空间的体积

鉴于上述算法已经求出了各个截面上的最大值、最小值，X 方向的主要工作范围只取决于机床的导轨长度，故只要能保证 Y、Z 方向的工作空间即可满足作业空间的要求。取 $\max y_0 - \min y_0 \geqslant 100$ mm，可得：$\max z_0 - \min z_0 > 450$ mm，满足该并联机床的作业空间的条件：$\max x_0 - \min x_0 > 2000$ mm，$\max y_0 - \min y_0 \geqslant 1000$ mm，$\max z_0 - \min z_0 > 150$ mm。

4.2.4　工作空间的特点分析

① 本并联机床的动平台只存在位置变化，无姿态变化。因而在相同的结构参数条件下，本机床的工作空间更大一些，且边界光滑，有效空间比例大，较适用于大型板材加工等。

② 本并联机床的工作空间无空洞、空腔，适合长方体作业空间。

③ 本并联机床的工作空间的大小在 X 轴方向上取决于滑块行程的大小，虎克铰转角的约束和滑块的位置约束直接影响该空间在 Y 轴和 Z 轴方向的大小。

④ 本并联机床的工作空间的形状取决于定长杆的长度、滑块间相对位置、导轨间距及虎克铰的最大转角。

4.3　新型激光切割并联机床结构参数对工作空间的影响

并联机床的灵活工作空间是其刀具能够以任意方位到达目标

点的集合，而作业空间为灵活工作空间内的内接方体，是衡量并联机床性能的重要指标。由于并联机床的结构参数对其刀具所能达到的作业空间、速度及加工过程中杆的受力等都会产生很大的影响，所以建立一些反映工作空间形状特征的指标，并分析其与工作空间的关系，对进一步研究机床的参数优化将有实际意义。根据新型激光切割并联机床的特点，通过对工作空间的研究，得到决定工作空间形状和大小的结构参数，并分析其对工作空间的影响。

4.3.1　工作空间边界条件的确定

本机床工作空间如前所述，其长度由导轨长度确定。反映工作空间形状的主要是其截面形状，反映截面形状的主要参数有 B_{max} 和 ΔH。找出影响截面形状的主要参数 B_{max} 和 ΔH 的结构参数，即可反映出这些结构参数对工作空间的影响。

1）影响 B_{max} 的机床结构参数尺寸

该工作空间截面在 Y 轴方向的最大外形尺寸为 B_{max}，则

$$\begin{cases} z_0 = \dfrac{L_y}{L_z} y_0 - \dfrac{L_y{}^2 + L_z{}^2}{2L_z}, \\ (y_0 - L_y)^2 + (z_0 + L_z)^2 = S_2^2. \end{cases}$$

所求出两线的交点的 y_0 值，即为 B_{max}。

$$B_{max} = \frac{1}{2L_y}\Big[L_z{}^2 + L_y{}^2 - \frac{L_z}{4L_z{}^2 + 4L_y{}^2}(-4L_z{}^3 - 4L_y{}^2 L_z - 4\sqrt{-L_y{}^2 L_z{}^4 - 2L_z{}^2 L_y{}^4 + 4L_y{}^2 S_2^2 L_z{}^2 - L_y{}^6 + 4L_y{}^4 S_2^2})\Big]. \tag{2-4-7}$$

由上式可知，影响 B_{max} 的主要结构参数有 L_y、L_z、S_2。

Y 轴方向最小值受约束条件的影响，取 $y_0 = 0$。

2）影响 ΔH 的机床结构参数

Z 轴方向的最大尺寸受 S_2 的限制，满足方程 $(y_0 - L_y)^2 + (z_0 + L_z)^2 = S_2^2$，并且当 $y_0 = L_y$ 时，达到最大值 H_{max}，

$$H_{max} = S_2 - L_z; \tag{2-4-8}$$

Z 轴方向的最小值受虎克铰的影响，满足

$$H_{\min} = R_{\Phi_{\max}} = S_1 \cos \Phi_{\max}. \qquad (2\text{-}4\text{-}9)$$

所以，

$$\Delta H = H_{\max} - H_{\min} = S_2 - L_z - S_1 \cos \Phi_{\max}. \qquad (2\text{-}4\text{-}10)$$

由此可见，影响 ΔH 的主要结构参数有 S_2、L_z、S_1。

4.3.2　机床机构参数对工作空间的影响

由上述分析可知，定长杆的杆长和导轨的结构参数将影响工作空间的形状，为简化结构，总是设 $S_1 = S_2 = S_3 = S$，$L_y = L_z = L$，分析 S 和 L 对工作空间的影响如图 2-4-6 和图 2-4-7 所示。

1）当 L 一定时，S 对工作空间尺寸的影响

由图 2-4-6 可以看出，工作空间的宽度和有效高度值都随着杆长 S 的增加而单调上升。也就是说，定长杆的长度越大，工作空间的体积越大。所以为保证工作空间的大小，可以取较大的 S 值。

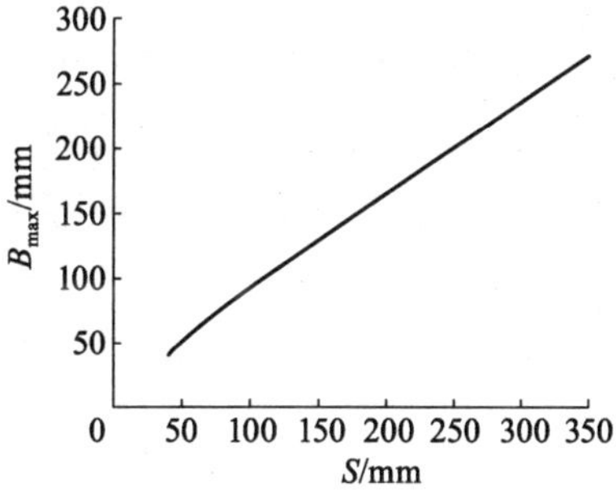

(a) B_{max}与S的关系

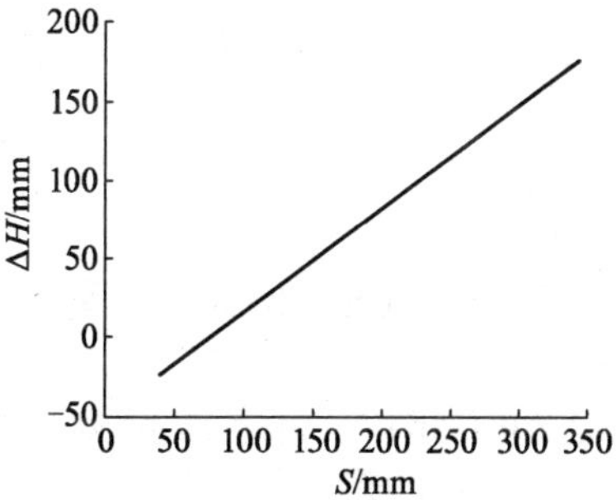

(b) ΔH与S的关系

图 2-4-6　杆长 S 对工作空间的影响

2）当 S 一定时，L 对工作空间尺寸的影响

由图 2-4-7 可知，工作空间的最大宽度随 L 的增加而单调上升；而工作空间的有效高度随 L 的增加而单调下降。所以应协调该尺寸，使结构参数最小时，作业空间最大。

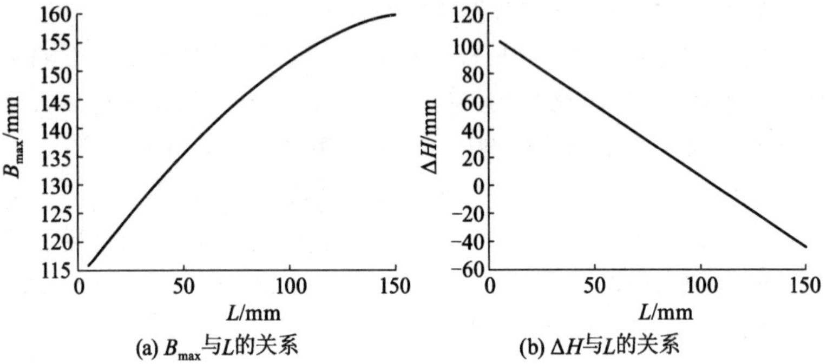

图 2-4-7　导轨结构尺寸 L 对工作空间的影响

设 $M = B_{max} \cdot \Delta H = f(L)$，构建 L 对整个工作空间的影响，如图 2-4-8 所示。由图可知，随着 L 的增大，工作空间的横截面积单调下降，所以 L 在 Z 方向的单调下降的影响远远超过其在 Y 方向的单调上升，故 L 的取值应尽可能小，以获得最大的工作空间。

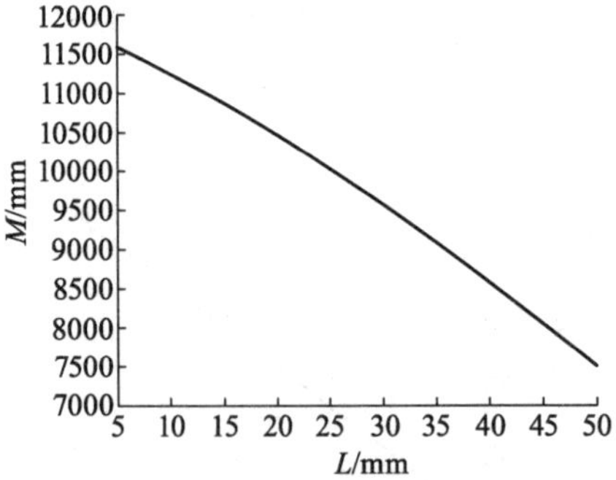

图 2-4-8　导轨结构尺寸 L 对工作空间最大横截面面积的影响

4.4　新型激光切割并联机床尺度综合

4.4.1　尺度参数关系解析

在并联机床的设计中,至关重要的是如何根据给定位姿,确定关节变量范围和尺度参数,即实现尺度综合。也就是,已知要求本机床的长方体作业工作空间 $L \times B \times H$,求并联机床的结构参数,使在此结构参数下的并联机床的工作空间能包容所要求的作业空间,并具有良好的操作性能。为使机构简单,易于分析和模块化设计,设 $S_1 = S_2 = S_3 = S, L_y = L_z = L$。由机构运动方程$S_i^2 = (x_0 - x_i)^2 + (y_0 + e)^2 + (z_0 + f)^2$ 可知,现保持机构中一条支链与动平台的约束,而解除其他两条支链的约束,仅考虑滑块 A_i 约束 $L_{\min} < x_i < L_{\max}$ 时($L_{\max}$是滑块在导轨上运行的右极限点,$L_{\min}$是滑块在导轨上运行的左极限点),动平台参考点 P 的极限轨迹为以滑块 A_i 为圆心,以定长杆长为半径、从 $L_{\min}$到 $L_{\max}$的圆球的包络体。但受约束条件的影响,它不是一个整球体,而仅是球体的一部分。考虑到另外两个支链限制的 P 的位置,机构的可达空间 W 为三张球面片的交集。

工作空间形状如图 2-4-9 所示,由于 1、3 部分工作空间不完整,所以舍去。本机床工作空间的长度由导轨长度确定。反映工作空间形状的主要是其截面形状,机构的可达空间 W 的纵剖面具有相似性,W 内可包含一个作业空间为 $L \times B \times H$ 的长方体,定义其为机构的设计空间,长方体作业空间内接于可达工作空间,如图 2-4-10 所示。

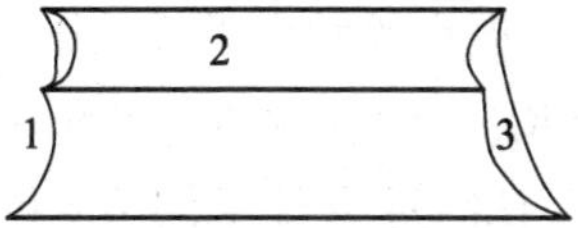

图 2-4-9　工作空间形状

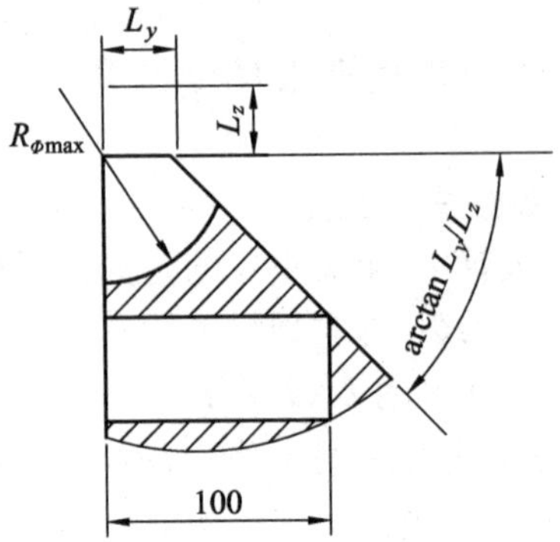

图 2-4-10　长方形作业空间

1) *Y* 方向分析

该工作空间纵剖面在 *Y* 方向的最大外形尺寸受约束条件 $x_2 > x_1$ 的影响。

由式(2-3-7)知

$$x_0 - \sqrt{S_2^2 - (y_0 - L_y)^2 - (z_0 + L_z)^2} > x_0 - \sqrt{S_1^2 - y_0^2 - z_0^2},$$

即 $\sqrt{S^2 - y_0^2 - z_0^2} < \sqrt{S^2 - (y_0 - L)^2 - (z_0 + L)^2}$.

Y 方向的最小值为 $(y_0)_{\min} = D$.

2) *Z* 方向分析

由于在 *Z* 方向支链 S_2 的圆心坐标小于 S_1、S_3，所以 *Z* 方向的最大值受 S_2 的限制，满足方程

$$(y_0 - L_y)^2 + (z_0 + L_z)^2 = S_2{}^2,$$

即 $(y_0 - L)^2 + (z_0 + L)^2 = S^2$.

Z 方向的最小值受虎克铰约束条件的影响，有

$$z_{\min} = R_{\Phi\max} = S_1 \cos \Phi_{\max} = S\cos \Phi_{\max}$$

由上述分析可知，在给定设计空间 $L \times B \times H$ 后，一旦确定 *S*、*D*，即可解出其他尺度参数，因此调整 *S*、*D* 的值可以得到不同的构型。

4.4.2　数值算例

给定设计工作空间为 2000 mm × 1000 mm × 200 mm，然后给出

不同的 D、Φ_{max} 值。取 $D=5,10,15,20,25,30$ mm，$\Phi_{max}=45,50,55,60,65,70,80(°)$，研究这些参数对机构参数的影响。

取 $\Phi_{max}=70°$ 时，获得的机构参数见表 2-4-1。

表 2-4-1　参数 D 对机构参数的影响　　mm

D	S	L
5	133.1286	59.4673
10	138.7518	62.5441
15	144.5481	65.5616
20	150.4975	68.5268
25	156.5825	71.4456
30	162.7879	74.3233
35	169.1005	77.1642
40	175.5087	79.9725

取 $D=5$ 时，获得的机构参数见表 2-4-2。

表 2-4-2　参数 Φ_{max} 对机构参数的影响　　mm

Φ_{max}/(°)	S	L
45	176.9181	-20.1000
50	163.3064	0.0287
55	152.7189	17.4041
60	144.4530	32.7735
65	138.0325	46.6649
70	133.1286	59.4673
75	129.5130	71.4796
80	127.0298	82.9415

机床结构参数 S、L 在不同的 D 和 Φ_{max} 值下的变化情况如图 2-4-11 所示。

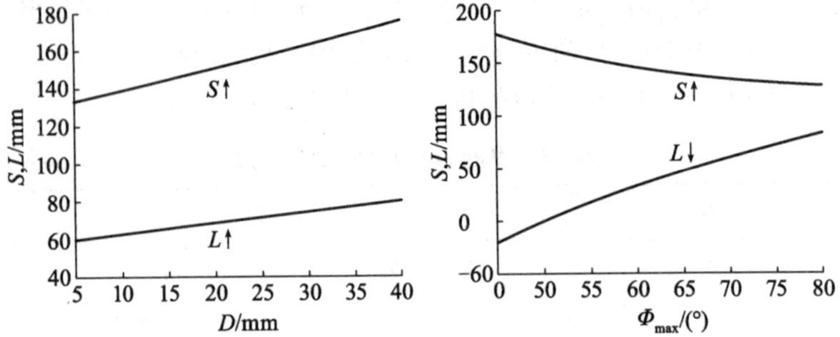

(a) 不同的D值　(b) 不同的Φ_{max}值

图 2-4-11　机床结构参数 S、L 的变化

根据上述计算，优选一组具体参数作为设计实例，定长杆长取 $S = 1800$ mm，导轨机构参数取 $L = 30$ mm，导轨长度取 $L_{max} = 5000$ mm。

4.5　并联机床灵活度和操作性能分析及其评价指标

评价并联机床的几何特性，仅仅考虑其工作空间的大小是不够的。运动灵活度分析是衡量并联机床工作质量优劣的重要指标之一。它不仅是并联机床结构参数设计所需考虑的重要因素，也是评价运动精度和静力学性能的重要指标，同时还是尺度参数设计的重要依据。并联机床的雅可比矩阵定性地描述了机床运动的灵活性和运动性能。为了定量分析机床的运动灵活度和速度反解的精度，需要建立一种指标来评价并联机床的操作性能，即运动控制的难易程度，这对机床的控制尤其重要。

4.5.1　操作性能分析

雅可比矩阵表示由动平台操作速度到关节速度的线性映射，而其转置又表示由关节力到操作力的线性映射，映射后矢量长度的极值定义为雅可比矩阵的奇异值。从运动学和静力学的角度看，并联机构的操作性能主要包括从关节空间到操作空间的速度、承载力、静刚度矩阵映射特性。速度特性在第 3 章已讨论过，现对其他特性进行分析。

1）承载力映射特性

设由电机提供的抵抗动平台外力 $\boldsymbol{F}_P$ 的三维驱动力为 $\boldsymbol{F}_{A_i}=(F_{A_1},F_{A_2},F_{A_3})^{\mathrm{T}}$，由虚功原理可知

$$\boldsymbol{F}_A^{\mathrm{T}}\delta\boldsymbol{V}_P=\boldsymbol{F}_P^{\mathrm{T}}\delta\boldsymbol{V}_A. \tag{2-4-11}$$

由于 $\delta\boldsymbol{V}_P=\boldsymbol{J}\delta\boldsymbol{V}_A$，可导出

$$\boldsymbol{F}_P=\boldsymbol{J}^{\mathrm{T}}\boldsymbol{F}_A. \tag{2-4-12}$$

由上式可知，雅可比矩阵的转置表示由三维驱动力到动平台所受外力的线性映射。

2）静刚度映射特性

设主动支链 S_i 中主动关节的等效线性刚度为 k_i，则主动支链 S_i 沿运动方向的内力为

$$\boldsymbol{\varepsilon}_i=k_i\,\Delta\boldsymbol{A}_i, \tag{2-4-13}$$

其中，$\Delta\boldsymbol{A}_i$ 为由 $\boldsymbol{\varepsilon}_i$所引起主动支链 S_i 沿运动方向产生的位移。

式(2-4-13)写成矩阵形式为

$$\boldsymbol{\varepsilon}=\mathrm{diag}(k_i)\,\Delta\boldsymbol{A}. \tag{2-4-14}$$

又设由外力 $\boldsymbol{F}_P$引起动平台相对参考坐标系的变形为 $\Delta\boldsymbol{P}$，而 $\Delta\boldsymbol{A}=\boldsymbol{J}\Delta\boldsymbol{P}$ 及 $\boldsymbol{F}_P=\boldsymbol{J}^{\mathrm{T}}\boldsymbol{F}_A$，故有

$$\boldsymbol{F}_P=\boldsymbol{K}\Delta\boldsymbol{P}. \tag{2-4-15}$$

其中，$\boldsymbol{K}=\boldsymbol{J}^{\mathrm{T}}\mathrm{diag}(k_i)\boldsymbol{J}$.

3）灵活度和操作性评价指标

显然，本并联机床动平台速度与滑块的运动速度之间的关系为 $\boldsymbol{v}_P=\boldsymbol{J}\boldsymbol{v}_A$，即 $\boldsymbol{v}_P$、$\boldsymbol{v}_A$ 是线性映射，映射后的矢量长度的极值可作为评价机构操作性能的指标。为此，对上式取模方，得

$$|\boldsymbol{v}_P|^2=\boldsymbol{v}_A^{\mathrm{T}}\boldsymbol{J}^{\mathrm{T}}\boldsymbol{J}\boldsymbol{v}_A. \tag{2-4-16}$$

构造拉格朗日型泛函

$$L=\boldsymbol{v}_A^{\mathrm{T}}\boldsymbol{J}^{\mathrm{T}}\boldsymbol{J}\boldsymbol{v}_A-\lambda(\boldsymbol{v}_A^{\mathrm{T}}\boldsymbol{v}_A-1), \tag{2-4-17}$$

根据受等式约束泛函的极值条件$\dfrac{\partial L}{\partial \boldsymbol{v}_A}=0$，$\dfrac{\partial L}{\partial \lambda}=0$，可导出

$$(\boldsymbol{J}^{\mathrm{T}}\boldsymbol{J}-\lambda\boldsymbol{E})\boldsymbol{v}_A=0. \tag{2-4-18}$$

其中,λ 为矩阵 $\boldsymbol{J}^{\mathrm{T}}\boldsymbol{J}$ 的特征值。

于是,这就将极值问题转化为一类标准特征值问题。事实上,求解式(2-4-18)的最大和最小特征值 $\lambda_{\max}(\boldsymbol{J}^{\mathrm{T}}\boldsymbol{J})$ 与 $\lambda_{\min}(\boldsymbol{J}^{\mathrm{T}}\boldsymbol{J})$,且有 $\boldsymbol{J}^{\mathrm{T}}\boldsymbol{J}\boldsymbol{v}_A-\lambda\boldsymbol{v}_A=\boldsymbol{0}$,则可求其矢量极值有

$$|\boldsymbol{v}_P|_{\max}=\sqrt{\lambda_{\max}(\boldsymbol{J}^{\mathrm{T}}\boldsymbol{J})},|\boldsymbol{v}_P|_{\min}=\sqrt{\lambda_{\min}(\boldsymbol{J}^{\mathrm{T}}\boldsymbol{J})}. \quad (2\text{-}4\text{-}19)$$

此外,由矩阵奇异理论可知,雅可比矩阵 $\boldsymbol{J}$ 的奇异值 $\sigma(J)$ 与 $\boldsymbol{J}^{\mathrm{T}}\boldsymbol{J}$ 的特征值 $\lambda(\boldsymbol{J}\boldsymbol{J}^{\mathrm{T}})$ 的关系为

$$\sigma(\boldsymbol{J})=\sqrt{\lambda(\boldsymbol{J}^{\mathrm{T}}\boldsymbol{J})}=\sqrt{\lambda(\boldsymbol{J}\boldsymbol{J}^{\mathrm{T}})},\sigma(\boldsymbol{J})=\sigma(\boldsymbol{J}^{\mathrm{T}}),$$
$$\sigma_{\max}(\boldsymbol{J})=\sigma_{\min}^{-1}(\boldsymbol{J}^{-1}). \quad (2\text{-}4\text{-}20)$$

所以,存在如下性能指标:

① 在 $|\boldsymbol{v}_P|=1$ 的条件下,为了获得良好的速度映射特性,应使 $\sigma_{\max}(\boldsymbol{J})\to\sigma_{\min}$;

② 在 $|\boldsymbol{F}_A|=1$ 的条件下,为了获得良好的承载力映射特性,应使 $\sigma_{\min}(\boldsymbol{J})\to\sigma_{\max}$;

③ 在 $|\Delta\boldsymbol{P}|=1$ 的条件下,为了获得良好的静刚度映射特性,应使 $\sigma_{\min}(J)\to\sigma_{\max}$。

4.5.2 常用操作性能指标

目前评价并联机床灵活度的常见指标有:雅可比矩阵的条件数、最小奇异值、运动灵巧性和可操作度。

1) 雅可比矩阵的条件数 ω_1

若并联机构处于某一位形时至少有一个奇异值为零,则说明为了产生相应特征方向的操作速度所需的关节速度为零,即有限的关节速度将导致操作速度趋于无穷。为此通常称对应至少有一奇异值为零的位形为奇异位形,这在数学上表现为雅可比矩阵的行列式为零,而物理意义则可解释为末端执行器将至少添加 1 个不可控自由度。利用雅可比矩阵可构造灵活度评价指标——条件数:

$$\omega_1=\sigma_{\max}/\sigma_{\min} \quad (2\text{-}4\text{-}21)$$

式中,$\sigma_{\max}$、$\sigma_{\min}$ 分别为雅可比矩阵奇异值中的最小值和最大值。

由以上分析可知,$\sigma_{\max}(\boldsymbol{J})\to\sigma_{\min}$ 是机构速度映射特性的评价

指标，$\sigma_{\min}(\boldsymbol{J})\to\sigma_{\max}$则是承载和静刚度映射特性的评价指标，所以条件数同时兼顾了两类指标。

雅可比矩阵的条件数也是输入速度相对偏差的放大因子，所以在机构设计时，应使该因子在其操作范围内尽可能接近1。理想状况下，$\omega_1=1$ 时，机构处于最佳运动传递性能。采用条件数评价机构的灵活度理论性强，但计算复杂，尤其在奇异点的附近区域。另外，由于在运动方程中包含位置和姿态参数，它们具有不同的量纲，因此有时用条件数对尺寸的选取不具有不变性，这是该指标的不足。

2）最小奇异值 ω_2

$$\omega_2=\sigma_{\min}. \tag{2-4-22}$$

为了控制操作速度的上界，应尽量使 ω_2靠近 $\sigma_{\max}$。

3）可操作度 ω_3

可操作度是将雅可比矩阵与其转置矩阵之积的行列式作为评价并联机床的灵活度的指标，即可操作度 ω_3 为

$$\omega_3=\sqrt{\det(\boldsymbol{J}\boldsymbol{J}^{\mathrm{T}})}\,. \tag{2-4-23}$$

显然，当并联机构处于非奇异位形时，可操作度 ω_3即为雅可比矩阵的行列式的值。当机构处于奇异位形时，可操作度为零。该指标可以反映具有特殊位形的并联机床的动态几何特性。即 $\omega_3=0$ 时，机床处于奇异位形；当 $\omega_3=\infty$ 时，机床处于不定位形；当 $\omega_3\neq\infty$，$\omega_3\neq0$ 时，表示机床远离特殊位形的程度。

本机床的可操作度为

$$\omega_3=\det(\boldsymbol{J})=|\boldsymbol{J}|=\frac{ABC}{(A+C)(y_0L_z+z_0L_y)}. \tag{2-4-24}$$

式中，$A=\sqrt{S_1^2-y_0^2-z_0^2}$，$B=\sqrt{S_2^2-(y_0-L_y)^2-(z_0+L_z)^2}$，$C=\sqrt{S_3^2-y_0^2-z_0^2}$.

显然，本并联机床的雅各比行列式属于 $\omega_3\neq\infty$ 和 $\omega_3\neq0$ 的情况，所以本机构不存在特殊位形，且该机床的可操作度与动平台在 X 方向的位置 x_0无关，而仅取决于动平台在工作空间横截面内的位置，即 y_0、z_0的坐标值。

设机床的结构参数 $S_1 = S_2 = S_3 = 1800$ mm, $L_y = L_z = 30$ mm,则基于 MATLAB 的工作空间横截面内的可操作度如图 2-4-12 所示。

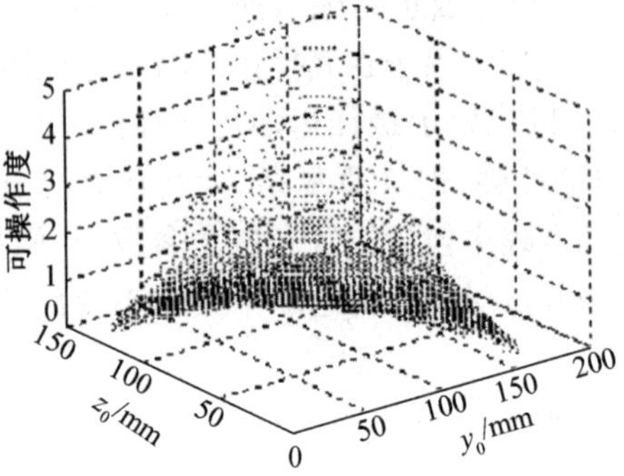

图 2-4-12　工作空间横截面内可操作度的变化

4.6　小结

通过对新型激光切割并联机床工作空间和操作能力的分析可知,本机床工作空间无空洞、工作空间的长度取决于导轨长度,其横截面的形状与大小取决于定长杆长、虎克铰转角大小及导轨截面的结构参数。本章还研究了结构参数对工作空间的影响,并利用这一结论使工作空间综合变得简单。最后研究了本并联机床的操作性能,通过分析得出结论,本并联机床没有特殊位形,并在工作空间内操作能力良好。

第5章　新型激光切割并联机床的模块化设计及运动学性能仿真

并联机床的突出特点是硬件结构简单，软件控制复杂。新型激光切割并联机床由于采用了多个结构简单的相同定长杆和铰链，因此便于进行机床的模块化设计。这既缩短了设计周期，降低了产品成本，提高了企业对市场需求的响应速度，又为实现机床的运动学性能仿真打下了基础。通过仿真可以模拟并联机床的加工过程，分析其运动特性，从而保证设计的可靠性。

5.1　模块化设计的基础理论

5.1.1　模块化设计的概念及特点

1）概念

近几十年来，用户需求趋向多样化，产品更新换代速度越来越快，传统的大批量的设计思想和制造节奏已不能适应现代社会的要求，各种新思想、新技术应运而生，如成组技术、计算机辅助技术等，模块化设计就是其中之一。

模块化设计是在对一定范围内的不同功能或相同功能、不同性能、不同规格的产品进行功能分析的基础上，划分出一系列功能模块，通过模块的选择和组合可以构成不同的产品，以满足市场的不同需求的设计方法。

2）特点

① 因模块化设计可大大缩短产品的设计周期，所以产品更新换代快，更大限度地满足了现代社会对产品日益个性化的需求。

② 产品在结构和性能上更合理。在模块化设计中，同一种功

能的单元不是一种单一部件，而是若干可以互换的模块，这就使得由模块组合成的产品在结构和性能上具有柔性，从而便于合理地协调。

③ 大大缩短了设计和制造周期。企业平时可以备有大量的模块设计资料，并储备部分模块，在用户提出要求后，只需修改部分模块或设计制造个别模块即可获得新产品。

④ 具有较大范围内的通用化的特征。在模块化设计中，同一功能的模块可在基本型、变型型，甚至跨系列、跨类产品中使用，因此它的通用化程度更大。

⑤ 降低成本、维修方便。因为同一模块可用于数种产品，增加了模块生产的批量，同时也增加了产品种类。一旦产品需要维修，只需更换模块即可。

⑥ 建立在更高级别上的装配，改变了装配方式和手段，使装配更简单易行，也是获得最佳经济效益的保证。

⑦ 提供新的标准化形式。模块化设计的标准化是根据系统大小的不同，建立在组件级、部件级或者子系统级上的标准化，是一种趋于宏观的标准化。它有两个特点：一是面向功能化，而不是面向具体的形状、结构和制造上的标准化；二是把标准化管理部分从细节中解脱出来，分层次、有侧重，在更高层次上实现了简洁。

⑧ 保证产品的可靠性。当产品按功能划分后，便可以对模块进行既定的试验和研究，以确保产品的可靠性。

5.1.2 模块化划分的原则

模块化设计中，模块的合理划分是一个较复杂的设计分析过程。模块划分不仅要考虑功能方面的要求，而且还要考虑结构方面的要求，以及当前的技术水平。一般地，模块划分太细，虽然可能组合成较多的变型产品，但是模块的综合过程却相对困难，且导致模块的管理不便，不能较好地体现模块化设计的优点；反之，模块划分过粗，模块综合过程容易，但易导致产品性能不足和柔性太差，同时模块的结构亦变得复杂。结合本并联机床的机构特点、产品的系列规格和产品的发展特点，确定其模块划分原则如下：

① 特性原则：机床模块的划分应尽可能考虑其特性要求，力求典型化。

② 独立性原则：对划分的模块单元在功能上、结构上应尽可能做到独立化，这样的模块易于拼装搭配，便于构成多种变形产品，以实现系列化机床设计。

③ 典型部件原则：以结构相对独立的部件作为模块单元，便于模块的更换与设计。对机构复杂的部件可进一步细化，将部件中的某些组件模块化。例如，基础件机构简单，功能独立，其材质大部分为铸件或焊接件，生产加工周期长，影响产品迅速改型，应作为单独的模块单元来考虑。

④ 可扩充性原则：模块单元应考虑未来新技术应用的可能性。在模块单元中留有一定的空间，以便在增加新模块后能达到新的性能要求。

并联机床的模块化设计过程是一个多目标的综合优化过程，不仅受机床本身诸多因素的影响，而且受当前技术水平、生产条件、技术人员对模块化的认识程度及市场需求等外部因素的影响。因此，并联机床的模块化设计是不断完善和创新的过程。

5.1.3　模块化设计待解决的问题

1）生产管理水平有待提高

机械产品的模块化设计要求管理部门应该熟悉产品的主要部件的模块数和附件的模块数，并能组成各种不同的品种。但国内一些厂家虽然实现了模块化设计，但在生产中仍然以产品为单位，按部件的形式进行模块的生产，然后组装成产品，而不是以模块为基础组织生产。因此，有必要变产品管理为模块管理。

2）研究模块划分的合理性

目前模块划分中尚存在许多问题，要达到模块的完全互换还有一定的困难。因此，当前模块的划分应是从企业本身内部的标准化到逐步实现行业内的关键模块标准化的一个循序渐进的过程。

3）克服超性能设计问题

模块化设计的目标之一就是用最少的模块尽可能组成最多的产品。为了使模块适用于不同参数的产品，不得不进行超性能设计。在批量越大时，这种超性能设计造成的损失就越大。所以，在设计批量较大的模块产品时，必须权衡由模块化设计带来的经济效益与由此造成的超性能设计所带来的经济损失。

4）注重模块综合性能的研究

模块化设计后必须研究模块组合产品的综合性能，包括模块结合特性、拆装性能等。

5.2 并联机床的模块化设计

5.2.1 并联机床的模块划分

并联机床模块化设计是在模块的划分和创建基础上进行的，根据并联机床的模块划分的原则，可将并联机床划分为以下模块：

① 动平台模块。动平台是激光头的安装平台，是机床比较重要的结构部件。动平台的质量和体积应尽可能小，否则会增大动平台运动的惯性力。

② 执行模块。执行模块的作用是保证动平台和激光头到达指定的加工位置，一般包括定长杆和伸缩杆。本机床通过改变定长杆及其端部滑块的位置来达到改变动平台位置的目的。

③ 运动副模块。运动副主要包括转动副、移动副、螺旋副、球铰、虎克铰等。本章中的机床采用两个转动自由度的虎克铰。

④ 机架模块。机架模块主要包括底座及固定平台。不同结构的并联机床，其机架模块的表现形式不同。

⑤ 控制和显示模块。其功能是控制机床各运动部件的精确位置，并显示机床的运动状态及使用状况。其中，控制模块是并联机床最重要、最复杂的模块，也是目前技术上的难题所在。

⑥ 液压与润滑模块。液压系统在现代机床上广泛应用，既可提供动力源，也可保证润滑与冷却系统正常工作。

以上模块构成并联机床的基本模块或单元,实现了并联机床最基本的功能。将这些模块进行不同的组合和连接,便能进行变型设计,满足不同类型并联机床的需求。

5.2.2　并联机床数字化模块创建

并联机床模块创建的关键是设计一系列能满足性能要求的模块。通过建立模块的数字化实体模型,描述模块内组成零件的设计与制造全过程的有关信息,如模块及零件的功能、结构、性能和管理方面的有关信息,以及模块间装配关系和空间拓扑关系的有关信息的模型。

在商业化 CAD 环境中,各种成熟的图形处理和建模技术的应用,使得机械产品的三维实体建模变得较为方便。如上所述,新型激光切割并联机床由机架模块、运动副(虎克铰)模块、执行模块(分为定长杆和滑块)、动平台模块等机构组成。基于成熟的大型三维 CAD 软件,完成并联机床模块的参数化创建,见表2-5-1。

表 2-5-1　并联机床数字化模块创建

模块名称	数字化模块	备注
机架模块	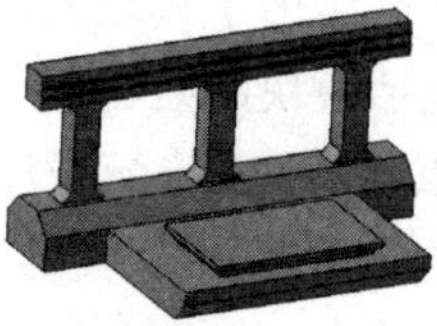	主参数是导轨长度$L = 5000$ mm,导轨面是滑块的装配面
左右滑块模块		主参数是斜面的角度 $\alpha = 45°$,$L_y = L_z = 30$ mm
中间滑块模块	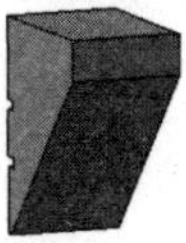	同左右滑块模块

续表

模块名称	数字化模块	备注
定长杆模块		主参数是定长杆的长度 $S=1800$ mm
动平台模块	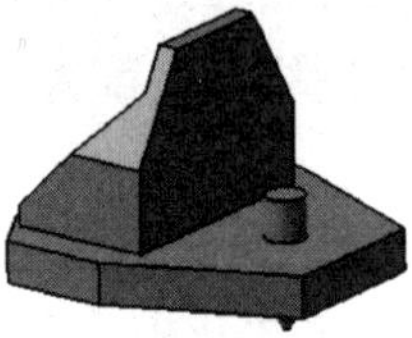	6 个虎克铰的位置是定长杆的装配基准
虎克铰模块		可绕两条轴线旋转,且两轴线相交于一点;重要参数为绕每条轴线旋转的转角范围

5.2.3 并联机床模块的装配

并联机床模块化设计已给出了模块的功能、种类和特征描述,完整的模块化设计还应包括模块的装配设计。装配顺序规划是描述产品装配过程的一个重要信息,装配顺序的合理与否将直接关系到模块装配时的复杂程度。根据模块的装配基准,以机座模块为基础,通过配合、对齐、插入、定向等操作,按图 2-5-1 所示顺序(B→S→H→L→H→M)安装即先在机架 B 上安装滑块 S, 然后在滑块 S 上安装虎克铰 H,再连接定长杆 L,并且在定长杆 L 的另一端安装另一个虎克铰链 H,最后安装动平台 M,从而可建立并联机床数字化模型如图 2-5-2 所示。

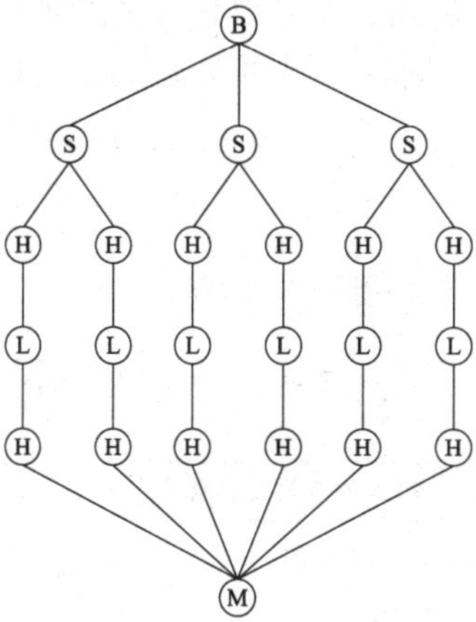

图 2-5-1　并联机床模块的装配顺序

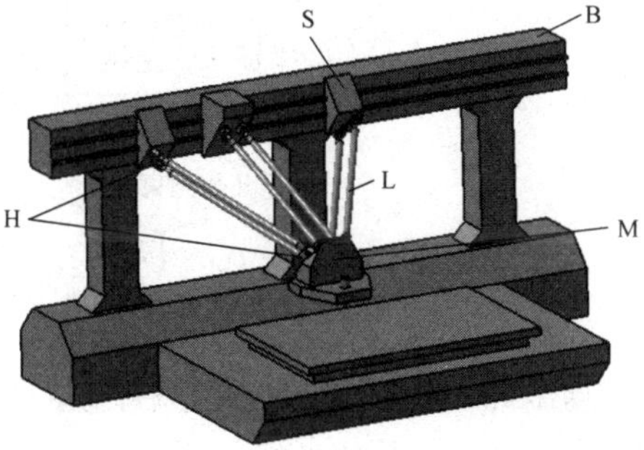

图 2-5-2　并联机床的数字化装配模型

5.3　并联机床的运动学仿真

5.3.1　基本概念

对于并联机床而言,运动学仿真也是非常重要的。因为并联机床动平台的空间运动很难想象,其工作空间又十分复杂,用计算方法求解动平台的位置和姿态,以及机床的工作空间,所获得的数据缺乏直观性,并且并联机床能否实现给定刀头点的轨迹,都必须通过运动仿真来实现，所以有必要建立适当的模型并进行仿真，使机床的运动可视化。通过仿真可以模拟并联机床的加工路线、评价系统的运动特性等。图 2-5-3 所示为并联机床运动学仿真流程图。

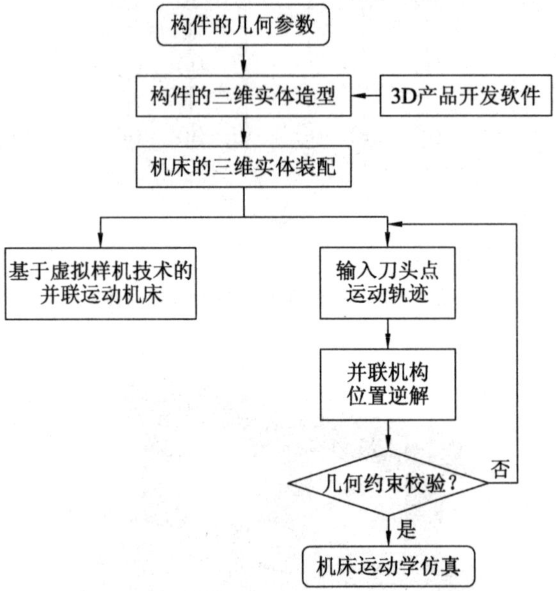

图 2-5-3　机床运动学仿真的流程框图

5.3.2　运动学逆解仿真分析

当并联机床动平台以一定的形式运动时，其速度和加速度与各滑块的速度和加速度有严格的依赖关系。从机床结构学的角度来看，并联机床与传统的数控机床的本质区别在于刀具在笛卡尔系中的运动是可控关节伺服运动的非线性映射，即驱动杆端部的位置与动平台位姿之间的对应关系是非线性的；但二者之间的微分关系，即驱动杆驱动速度与动平台的运动速度之间的映射关系则是线性的。从伺服控制的角度来说，并联机床刀具或动平台的运动空间为虚轴空间，而驱动关节空间为实轴空间。因此，在进行运动控制时，必须通过位置逆解模型，将事先给定的刀具位姿及速度信息变换为伺服系统各滑块的控制指令,从而驱动并联机床动平台实现刀具的期望运动。

若要求出动平台按某运动规律运动时各滑块的运动规律,可在动平台的刀头点施加一个运动激励,然后运用仿真软件提供的函数生成器定义关于时间的函数,来构造该运动激励 3 个方向的运动(3 个移动),使动平台刀头点实现期望运动。如使动平台刀头点实现图 2-5-4 所示的加工封闭曲线的运动轨迹。所测得的 3 个滑块位置随时间变化的曲线如图 2-5-5 所示,进而对该曲线进行数值求导,获得 3 个滑块速度、加速度随时间变化的曲线,如图 2-5-6 和图 2-5-7 所示。

图 2-5-4　加工封闭曲线的运动轨迹

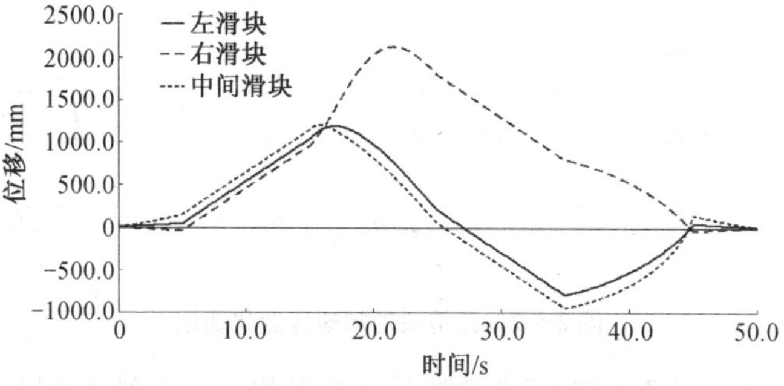

图 2-5-5　三滑块的位置变化曲线

由图 2-5-5 可知,左滑块和中间滑块的运动轨迹基本一致。0 ~ 5 s 和 45 ~ 50 s 表示快进和快退。5 ~ 15 s 动平台向右横向平移时,三个滑块的相对位置保持不变。在 35 ~ 45 s 动平台沿纵向向前平移时,左、右滑块的位置曲线沿基准轴对称,这与 3. 2. 3 节的理论分析完全一致。

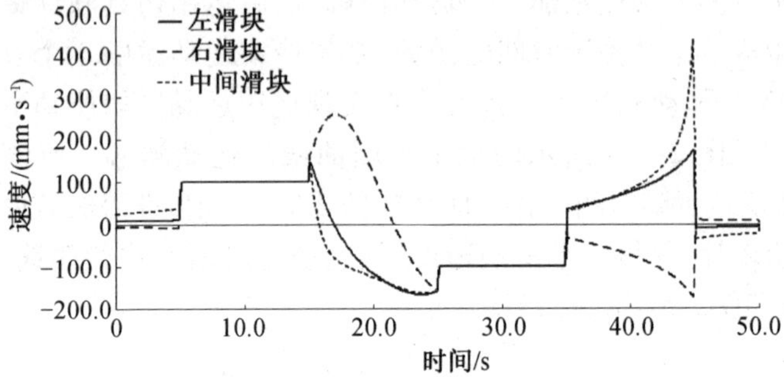

图 2-5-6　三滑块的速度变化曲线

由图 2-5-6 可知,5 ~ 15 s 和 25 ~ 35 s 时间段,即动平台做横向左、右平移时,三个滑块的速度相等;35 ~ 45 s 时间段,左、右滑块的速度关于基准轴对称,曲线变化较平稳,这与 3. 2. 3 节的理论分析完全一致。

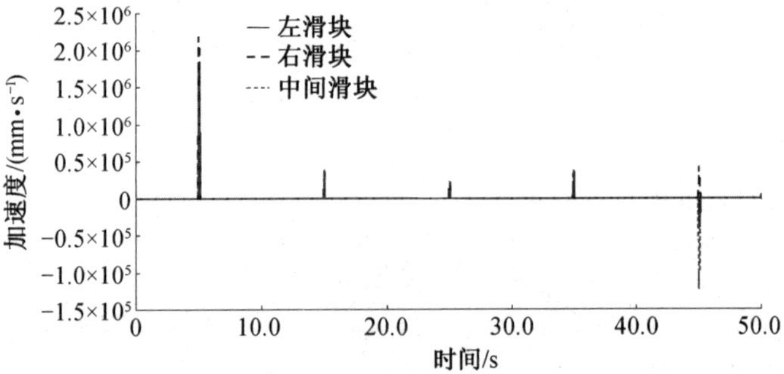

图 2-5-7　三滑块的加速度变化曲线

由图 2-5-7 可知,三个滑块只在曲线拐点处出现加速度,其余时间段均做匀速运动,故运动特性良好,特别适用于激光加工。

图 2-5-8 和图 2-5-9 分别给出了并联机床加工标准曲线(cos)和空间任意曲线的实例。

(a) 加工cos曲线的运动轨迹

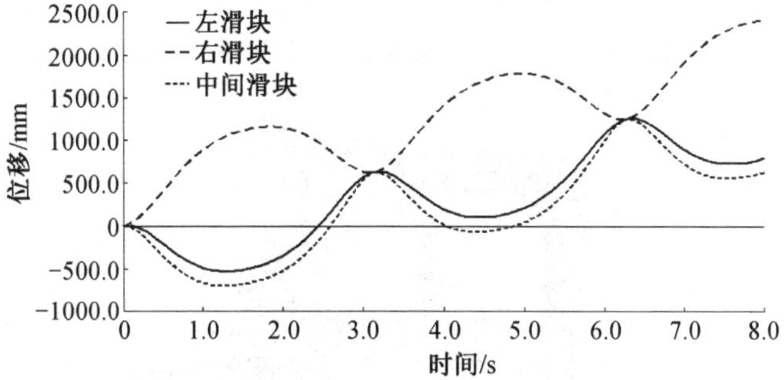

(b) 滑块位移曲线

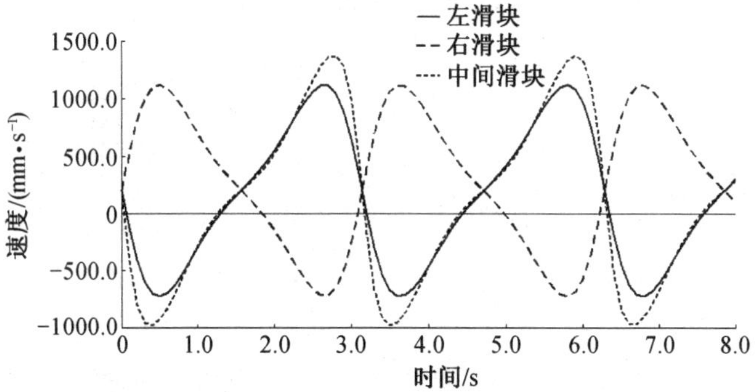

(c) 滑块速度曲线

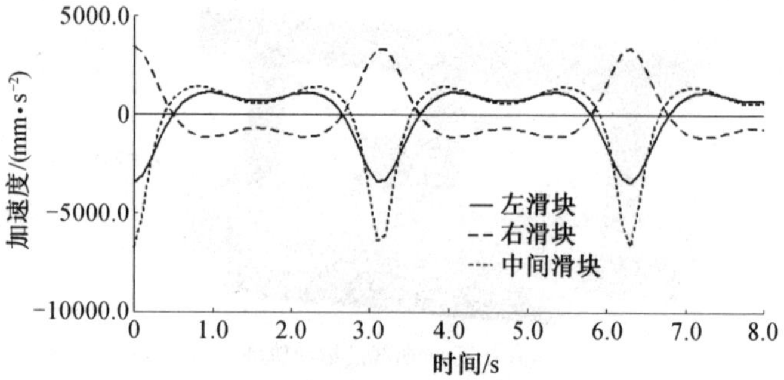

(d) 滑块加速度曲线

图 2-5-8　加工 cos 曲线三滑块的运动特性曲线

(a) 加工空间任意曲线的运动轨迹

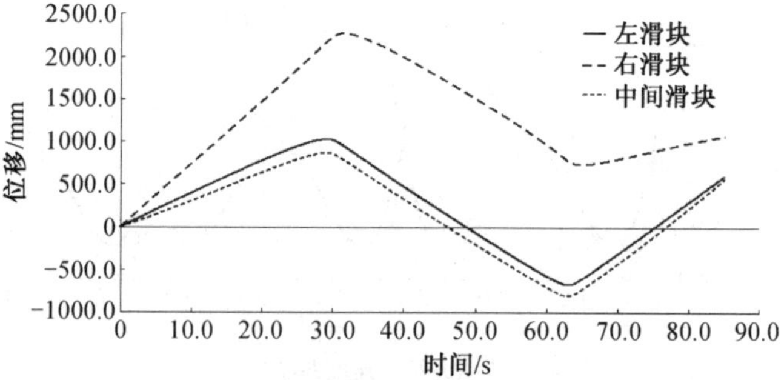

(b) 滑块位移曲线

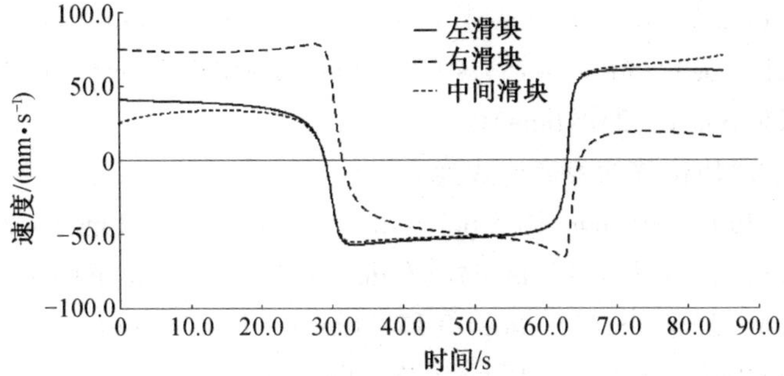

(c) 滑块速度曲线

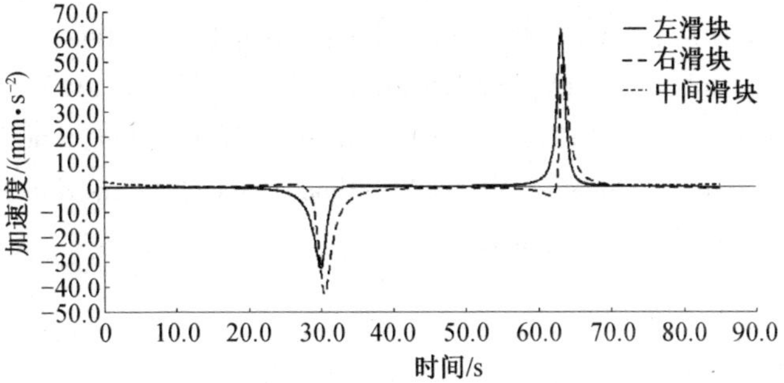

(d) 滑块加速度曲线

图 2-5-9　加工空间任意曲线三滑块的运动特性曲线

5.3.3　运动学正解仿真分析

并联机床的运动学正解即在已知输入构件运动规律位置的条件下，求解输出构件的运动规律。由于并联机床的驱动杆端部的位置与动平台位姿之间的对应关系是非线性的，所以并联机床的运动学正解极其复杂（见式（2-3-4）和式（2-3-14））。但通过仿真软件，只要在三滑块端输入相应的位移约束表达式就能得出动平台的运动规律，如图 2-5-10、图 2-5-11、图 2-5-12 所示。

左滑块位移约束表达式为

-300 * sin(time/10 * pi) * dim(5, time)/(5 - time) - 300 *

dim(time,5) * dim(15,time)/((time - 5) * (15 - time)) - 100 * dim(time,5) * dim(15,time)/(15 - time) - 1300 * dim(time,15) * dim(25,time)/((time - 15) * (25 - time)) + 100 * dim(time,15) * dim(25,time)/(25 - time).

右滑块位移约束表达式为

-300 * sin(time/10 * pi) * dim(5,time)/(5 - time) - 300 * dim(time,5) * dim(15,time)/((time - 5) * (15 - time)) - 100 * dim(time,5) * dim(15,time)/(15 - time) - 1300 * dim(time,15) * dim(25,time)/((time - 15) * (25 - time)) + 50 * dim(time,15) * dim(25,time)/(25 - time).

中间滑块位移约束表达式为

-500 * sin(time/10 * pi) * dim(5,time)/(5 - time) - 500 * dim(time,5) * dim(15,time)/((time - 5) * (15 - time)) - 100 * dim(time,5) * dim(15,time)/(15 - time) - 1500 * dim(time,15) * dim(25,time)/((time - 15) * (25 - time)) + 120 * dim(time,15) * dim(25,time)/(25 - time).

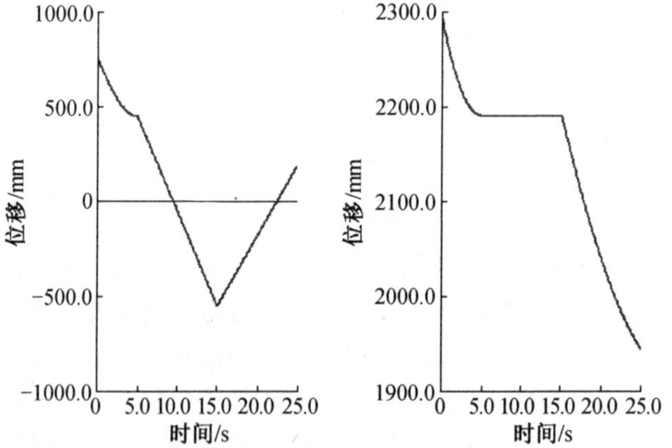

(a) X方向　　(b) Y方向

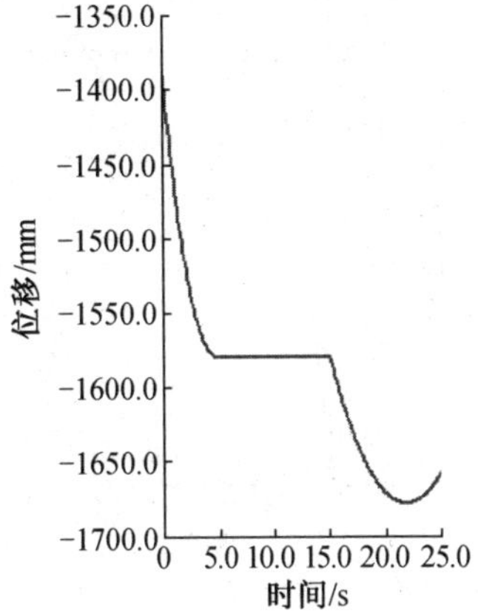

(c) Z方向

图 2-5-10 动平台 X、Y、Z 方向的位移特性曲线

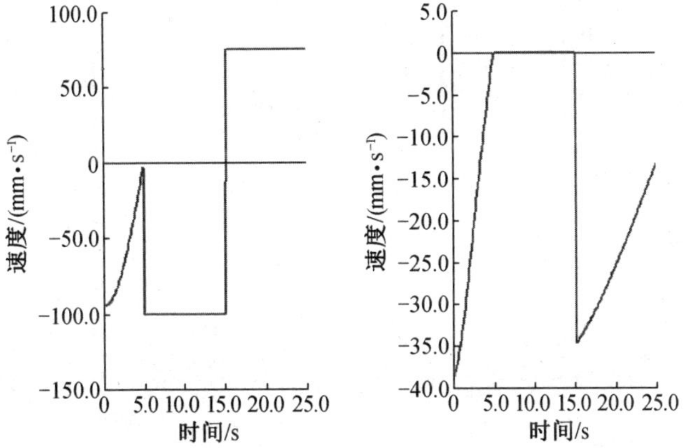

(a) X方向 (b) Y方向

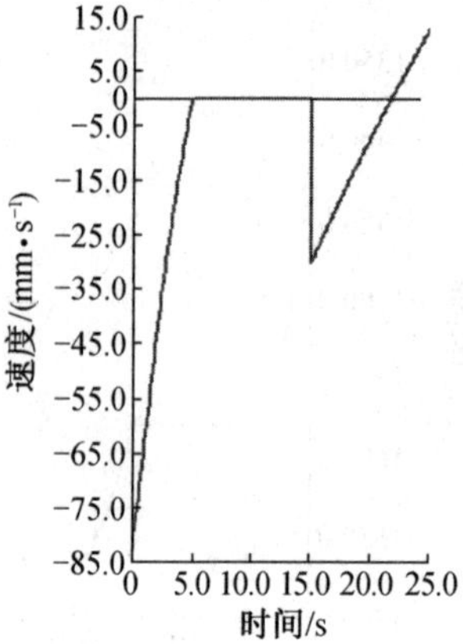

(c) *Z*方向

图 2-5-11 动平台 *X*、*Y*、*Z* 方向的速度特性曲线

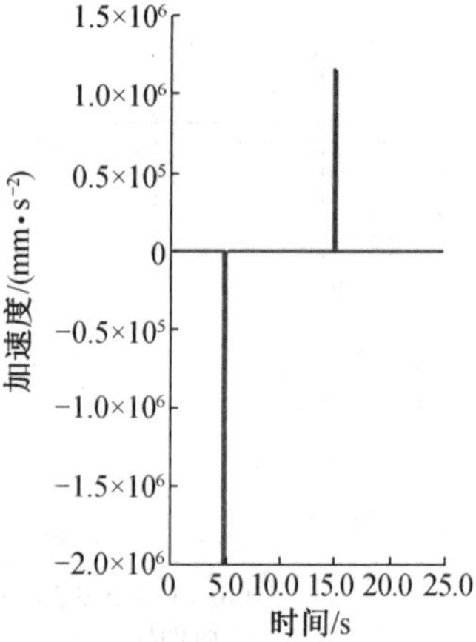

(a) *X*方向

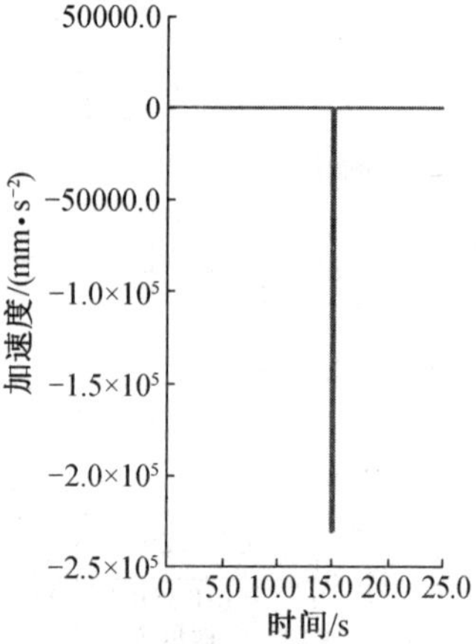

(b) *Y*方向

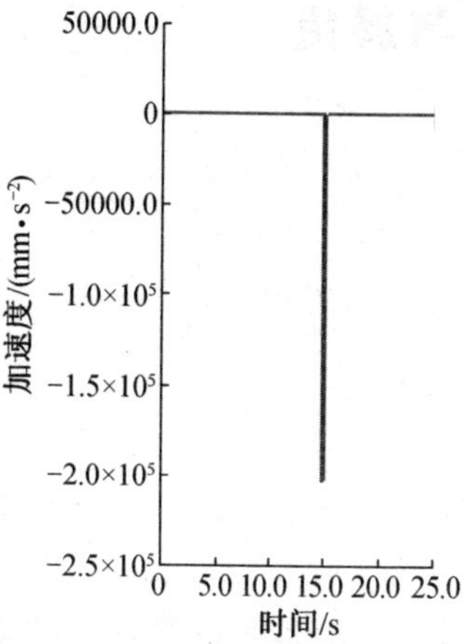

(c) *Z*方向

图 2-5-12　动平台 *X*、*Y*、*Z* 方向的加速度特性曲线

由图可知，动平台只在拐点处才有加速度出现，即在其他点只做匀速运动，其稳定的运动特性特别适合激光切削加工。

5.4　小结

本章基于模块化基本理论，进行了并联机床的模块化设计。在此基础上，基于虚拟样机技术进行了其运动学性能仿真。分析所得运动学性能与第 3 章的理论分析一致，其稳定的运动特性特别适合激光加工。

第 6 章　结论与展望

6.1　结论

进入 21 世纪,激光切割备受世界各国的重视,并联机床的诸多优势使得其应用领域不断扩大,两大领域的有机结合是本篇的创新体现。当然并联机床的设计涉及很多学科和领域的内容,其理论和方法体系还处于不断完善的阶段,并且与激光技术的结合刚刚起步,其应用还在不断成熟。本篇就新型三平移并联机床与激光技术的有机结合进行探讨,肯定其发展的强劲态势,并且系统地进行并联机床运动学和模块化设计的研究,建立和分析三平移并联机构的运动学正、逆解,计算和分析三平移机构的工作空间,分析速度特性和本机床的操作性能,并建立本机床的数字化模型,进行性能仿真,验证本机床的可行性。

通过研究取得以下成果:

① 分析了激光技术和并联机床结合的应用现状,提出了采用并联机床作为激光切割的工作母机,将两个先进制造技术有机结合,论证了其可行性和先进性。

② 提出了新型激光切割并联机床,并建立了其运动学模型,计算了其运动学正、逆解,它们均为显式表达,计算了雅可比矩阵,证明了其在运动空间无空洞、无运动干涉和耦合现象,通过分析判断该并联机床无奇异位形。

③ 计算并验证了该并联机床的工作空间,无空洞、无空腔,特别适合长方体空间作业的要求。该工作空间的截面形状取决于驱

动杆的长度、虎克铰转角的大小和横梁的倾角。

④ 对并联机床的模块化设计进行了初步探讨,并在此基础上,进行了模块的划分、建模和装配,为并联机床的仿真打下基础。

⑤ 在虚拟样机的基础上进行了并联机床的运动学仿真,验证了并联机床设计参数及尺寸的合理性,检查了各杆件的活动范围,验证了加工路线。

6.2　展望

新型激光切割并联机床是一种具有广阔应用前景的并联机床新构型。本篇只就其部分理论与应用问题进行了研究,还有许多问题有待探索和解决。结合之前的研究,后续工作将在以下几个方面进行:

① 针对三个等长定长杆的并联机构的研究,在实际应用中可选取不同的杆长以适应不同的加工要求,所以可进行不同杆长的情形下,该并联机床的理论研究。

② 只对具有三平移自由度的并联机床进行了研究,还可在动平台下安装附加回转机构,构成混联机床,以实现 4 ~ 5 个自由度的加工。

③ 关于模块化设计需要建立丰富的标准模块图形库,开发更加实用化的并联机床模块化设计系统。

④ 扩大研究范围,将激光技术与各类并联机床相结合,用于各领域的加工,更大范围地实现新技术的强强联合。

参考文献

[1] 汪玉琪. 激光加工技术的应用研究[J]. 现代制造技术与装备, 2019 (3):102 -103.

[2] 高天雷. 国内并联机床的发展[J]. 航空制造技术,2010(4):60 -62.

[3] 唐霞辉, 激光加工技术的应用现状及发展趋势[J], 金属加工(热加工), 2015(5): 16 -19.

[4] 陈希章, 苏传出, 程军辉. 激光切割技术在船舶制造中的应用现状与发展趋势[J]. 金属加工(热加工), 2018(3): 1 -4,9.

[5] 谢小柱,李力钧,张屹,等. 激光切割金属厚板新技术[J]. 激光技术, 2005(6):251 -254.

[6] 张民业. 激光切割技术在异型零件加工中的应用[J]. CAD/CAM 制造业信息化, 2018(7): 89 -90.

[7] 李秋洁, 郑加强, 周宏平,等. 基于车载二维激光扫描的树冠体积在线测量[J]. 农业机械学报, 2016,47(12): 309 -314.

[8] 于天淼, 高华兵, 王宝铭. 碳纤维增强热塑性复合材料成型工艺的研究进展[J]. 工程塑料应用, 2018, 46(4):142 -147.

[9] 贾志新,黄金刚,高坚强. AL_2O_3 陶瓷激光切割工艺研究[J]. 电加工与模具技术, 2017(1):39 -40.

[10] 黎爱琼. 浅谈二维激光切割汽车变档套技术[J]. 信息通信, 2015(6): 134 -135.

[11] 李杰,訾进锋,杨小君,等. 飞秒激光微加工技术在航空发动

机高压单晶涡轮叶片的应用[J]. 电加工与模具, 2018(A01): 54 -58.

[12] Stewart D. A platform with six degrees of freedom[J]. Institution of Mechanical Engineering, 1965,180(1):371 -386.

[13] 言川宣. 机床结构的重大创新——Variax 机床问世[J]. 世界制造技术与装备市场,1995(1):16 -17.

[14] 王立平, 汪劲松. 新型并联机床的研究状况及应用前景[J]. 航空制造技术,2004(6): 26 -30.

[15] 房立金. 并联机床发展探讨[J]. 航空制造技术, 2008(17): 74 -77.

[16] Bluemel S, Bastick S, Staehr R, et al. Robot based remote laser cutting of three-dimensional automotive ompositec parts with thicknesses up to 5 mm[J]. Procedia CIRP, 2018: 417 -420.

[17] Photo Report" NECガ"世界の大出力 10 kW YAG 激光器[J]. 溶接技术, 1999(11):65.

[18] Olivier C, Hilton P, Russell J. Material processing with a 10 kW Nd:YAG laser facility[J]. Proceedings of the ICALEO '99, D233(1999).

[19] Jones M,Chen X L. Thick section cutting with a high brightness solid state laser[J]. ICALEO'99,1999(A87)158 -165.

[20] 彭礼,陆殿春,李德君. 座椅金属件机器人激光焊接技术应用及展望[J]. 机器人技术与应用, 2018(3):44 -48.

[21] 杨晟,何琼,王英. 光纤传输脉冲固体激光切割机系统[J]. 激光杂志,2011,32(6):41 -42.

[22] Dasgupta B,Mruthyunjaya T S. The Stewart platform manipulator: a review[J]. Mechanism and Machine Theory,2000,35(1):15 -40.

[23] Yang H, Fang H R, Fang Y F. Controlling the motion of a planar 3-DOF manipulator using PID controllers[J]. INCAS Bulletin,2017,9 (4): 91 -99.

[24] Feck J J. Evaluation of a three degree of freedom revolute-spherical-revolute joint configuration parallel manipulator [D]. Colombo:Ohio University,2013.
[25] Marina Vallés, Pedro Araujo-Gómez, Vicente Mata, et al. Mechatronic design, experimental setup, and control architecture design of a novel 4-DoF parallel manipulator [J]. Mechanics Based Design of Structures & Machines, 2018, 46(4):425 -439.
[26] 李家宇,沈惠平,孟庆梅,等. 一种 Delta 变形机构及其基于工作空间分析的尺度设计[J]. 机械设计, 2018,35(7),92 -98.
[27] 王中双,邹鹤,陶洋洋,等. 3-RRC 型并联机器人动力学分析向量键合图法[J]. 机械设计与制造,2016(2):106 -109.
[28] Ovidiu M, Szabolcs C L, Rareş P. Design construction of a RTT pneumatic manipulator for didactic use[J]. Analele Universitatii Maritime Constanta,2010,11(13):117 -119.
[29] Zhu C, Wang J, Chen Z W, et al. Dynamic characteristic parameters identification analysis of a parallel manipulator with flexible links[J]. Journal of Mechanical Science & Technology, 2014, 28(12):4833 -4840.
[30] Ashith Shyam R B, Ghosal A. Path planning of a 3-UPU wrist manipulator for sun tracking in central receiver tower system[J]. Mechanism & Machine Theory, 2018,119:130 -141.
[31] 赵新华. 一种新型具有三维移动自由度并联机器人运动学分析[J]. 天津理工学院学报, 1999,15(2): 51 -53.
[32] Alvarez-Munoz J, Marchand N, Guerrero-Castellanos J F. Rotorcraft with a 3-DOF rigid manipulator: quaternion-based modeling and real-time control tolerant to multi-body couplings[J]. International Journal of Automation and Computing, 2018, 15(5): 547 -558.
[33] 黄亚太,林光春,黄亮. 三自由度并联机构的位置及工作空间分析[J]. 组合机床与自动化加工技术, 2017(7): 18 -21.

[34] Yi L, Yang L, Yang L, et al. Dynamics analysis and workspace of a novel 4-DoF parallel manipulator with multi-couple constrained wrenches[J]. Journal of Mechanical Science and Technology, 2018, 32 (8):3857 -3867.

[35] 梅江平,薛娜,刘松涛,等. 一种4自由度高速并联机械手动态特性分析[J]. 天津大学学报(自然科学版), 2015,48(12):1083 -1089.

[36] Dumlu A, Erenturk K. Trajectory tracking control for a 3-DOF parallel manipulator using fractional-order (PIDμ) - D - λ control [J]. IEEE Transactions on Industrial Electronics, 2014, 61(7): 3417 -3426.

[37] Hu F, Luo D, Duan D D, et al. Kinematics simulation of Delta parallel robot based on Pro/E and Simulink[J]. Mechanical & Electrical Engineering Magazine, 2012, 29(8):4982 -4992.

[38] 张曙, Heisel U. 并联运动机床[M]. 北京: 机械工业出版社,2003.

[39] Luc Rolland, Rohitash Chandra. The forward kinematics of the 6 -6 parallel manipulator using an evolutionary algorithm based on generalized generation gap with parent-centric crossover [J]. Robotica, 2014(6):1 -22.

[40] Mi J W, Du L, Duan X C. Real-time forward position kinematics of the spatial parallel manipulator [J]. Advanced Materials Research, 2013, 712 -715(3):2241 -2248.

[41] 王雪松,郝名林,程玉虎,等. 基于差分进化的并联机器人位姿正解[J]. 中国矿业大学学报, 2008,37(5):664 -669.

[42] 蔡自兴. 机器人学[M].3版.北京: 清华大学出版社,2015.

[43] 哈米德 D. 塔基拉德. 并联机器人: 机构学理论及控制[M]. 北京: 机械工业出版社,2018.

[44] Rashmi Arora, Dharmveer Agarwal, Tarun Kumar Bera. Workspace analysis and trajectory tracking of a planar hybrid manipu-

lator with ball screw feed drive [J]. Journal of the Brazilian Society of Mechanical Sciences and Engineering, 2019, 41 (9): 1-18.

[45] 史革盟,张锋涛,高秀兰. 并联机构工作空间与奇异位形综合研究[J]. 机械设计, 2016,33(9): 75-80.

[46] Koren Y. Reconfigurable manufacturing systems [J]. CIRP Annals (Keynote paper), 2000, 49(2):527-540.

[47] Hu B,Zhang L D,Yu J J. Kinematics and dynamics analysis of a novel serial-parallel dynamic simulator[J]. Journal of Mechanical Science and Technology, 2016,30(11):5183-5193.

[48] 刘小鹏,张卫国,钟毅芳. 机床模块化设计中的模块创建及应用[J]. 华中理工大学学报,2000,28(5):16-17.

[49] 苏铭,游有鹏,杨雪峰. 数控机床模块化设计系统的研究与开发[J]. 机械设计与制造,2018 (12):234-237,241.

[50] 汪劲松,朱煜,张华. 并联机床虚拟产品设计系统及基本框架研究[J]. 计算机集成制造系统,2001,7(5):57-62.

[51] 顾佳超,程茗,徐恒斌. 制造系统模块化设计方法研究[J]. 机械工程师, 2015(12): 160-161.

[52] 王江涛,戴国洪,朱林立. 基于基础件和连接关系的装配序列自动快速规划研究[J]. 制造业自动化, 2012,34(7下): 29-31,41.

[53] 施俊杰, 李开明. 三平动冗余驱动并联机床工作空间与运动学分析[J]. 机床与液压, 2016,44(23):1-6.

[54] 郭卫东,李守忠,马璐. ADAMS 2013 应用实例精解教程[M]. 北京: 机械工业出版社,2015.

[55] Gawande A. Two hundred years of surgery[J]. New England Journal of Medicine, 2012,366(18): 1716-1723.

[56] Reynolds W. The first laparoscopic cholecystectomy[J]. Journal of the Society of Laparoendoscopic Surgeons,2001(5):89-94.

[57] Targarona E M, Balague C, Knook M M, et al. Laparoscopic

surgery and surgical infection [J]. British Journal of Surgery, 2000,87: 536 -544.

[58] Holcomb III G W. Minimally invasive surgery for solid tumors [J]. Seminars in Surgical Oncology,1999,16(2):184 -192.

[59] Vitiello V, Kwok K W, Yang G Z. Introduction to robot-assisted minimally invasive surgery(MIS)[J]. Medical Robotics,2012: 1 -41.

[60] Alexander III A D. Impacts of telemation on modern society[J]. Theory and Practice of Robots and Manipulators, 1972: 121 - 136.

[61] Moran M E. Law of accelerating returns[J]. J Endourol,2006 (6): 1 -8.

[62] Kwoh Y S, Hou J, Jonckheere E A, et al. Robot with improved absolute positioning accuracy for CT guided stereotactic brain surgery[J]. IEEE Trans. Biomed. Eng., 1988(2):153 -160.

[63] Davies B L, Hibberd R D, et al. A surgeon robot for prostatectomies[C]. Fifth International Conference on Advanced Robotics (ICAR), 1991: 871 -875.

[64] Sackier J M, Wang Y. Robotically assisted laparoscopic surgery [J]. Surgical Endoscopy, 1994(8): 63 -66.

[65] Unger S W, Unger H M, Bass R T. AESOP robotic arm[J]. Surgical Endoscopy,1994(8): 1131.

[66] Marescaux J, Rubino F. The ZEUS robotic system: experimental and clinical applications[J]. Surgical Clinics of North America, 2003,83(6):1305 -1315.

[67] Marescaux J, Rubino F. Transcontinental robot-assisted remote telesurgery, feasibility and potential applications[J]. Teleophthalmology,2002,235: 261 -265.

[68] Kazanzides P, Fichtinger G, Hager G D,et al. Surgical and interventional robotics: Part I[J]. IEEE Robotics and Automation

Magazine (RAM), 2008,15(2):122 - 130.

[69] Moran M E. The history of robotic surgery. //Robotics in genitourinary surgery[M]. London: Springer, 2011.

[70] Taylor R. Robots as surgical assistants: where we are, wither we are tending, and how to get there[J]. Lect Notes Artif Intell, 1997,1211: 3 - 11.

[71] Camarillo D B, Krummel T M, Salisbury J K. Robotic technology in surgery: past, present, and future[J]. Am J Surg, 2004, 10: 2 - 15.

[72] Rovetta A. Tests on reliability of a prostate biopsy telerobotic system[J]. Stud Health Technol Inform,1999,62:302 - 307.

[73] Gelet A, Chapelon J Y, Bouvier R. Treatment of prostate cancer with transrectal focused ultrasound: early clinical experience [J]. Eur Urol,1996,29: 174 - 183.

[74] Bzostek A, Schreiner S, Barnes A C. An automated system for precise percutaneous access of the renal collecting system[C]. Proceedings, the First Joint Conference of CVRMed and MRCAS, Grenoble, France, 1997.

[75] Stoianovici D, Cadeddu J A, Demaree R D, et al. An efficient needle injection technique and radiological guidance method for percutaneous procedures[J]. Proceeding, LNCS, 1997,1205: 295 - 298.

[76] Stoianovici D, Whitcomb L L, Anderson J H, et al. A modular surgical robotic system for image guided percutaneous procedures [J]. Proceeding, LNCS, 1998, 1496: 404 - 410.

[77] Stoianovici D, Cleary K, Patriciu A, et al. Acubot: a robot for radiological interventions[J]. IEEE, Transactions on Robotics and Automation, 2003, 19(5): 927 - 930.

[78] Abbou C C, Hoznek A, Salomon L. Remote laparoscopic radical prostatectomy carried out with a robot: report of a case[J]. Pro-

gress En Urologie,2000,10: 520 -523.
[79] Menon M, Shrivastava A, Tewari A. Laparoscopic and robot assisted radical prostatectomy: establishment of a structured program and preliminary analysis of outcomes [J]. The Journal Urol, 2002,168(3):945 -949.
[80] Caire A, Ferrandino M N, Albala D N. Robotic urologic surgery: how to make an effective robotic program. //Robotics in Genitourinary Surgery[M]. London:Springer, 2011.
[81] Sutton C. Past, present, and future of hysterectomy[J]. Journal of Minimally Invasive Gynecology, 2010,7: 421 -435.
[82] Holloway R W, Patel S D, Ahmad S. Robotic Surgery in Gynecology[J]. Scandinavian Journal of Surgery, 2009,98: 96 - 109.
[83] Mettler L, Ibrahim M, Jonat W. One year of experience working with the aid of a robotic assistant (the voice - controlled optic holder AESOP) in gynecological endoscopic surgery[J]. Human Reproduction,1998,13:2748 -2750.
[84] Falcone T, Goldberg J M, Margossian H, et al. Robotic - assisted laparoscopic microsurgical tubal anastomosis: a human pilot study[J]. Fertility and Sterility,2000(5):1040 -1042.
[85] Dalela D, Ahlawat R, Sood A. The growth of computer - assisted (robotic) surgery in urology 2000 -2014: the role of asian surgeons[J]. Asian Journal of Urology,2015(2):1 -10.
[86] Bedaiwy A M, Volsky J, Sandadi S, et al. The expanding spectrum of robotic gynecologic surgery: a review[J]. Middle East Fertility Society Journal, 2012,17: 70 -78.
[87] Reynolds R K, Advincula K P. Robot - assisted Laparoscopic Hysterectomy: technique and initial experience[J]. American Journal of Surgery, 2006,191(4): 555 -560.
[88] Rardin C R. The debate over robotics in benign gynecology[J].

American Journal of Obstetrics and Gynecology, 2014,210(5): 418 -422.

[89] Yoo H N, Kim T J, Lee Y Y, et al. Single - site robotic surgery in gynecologic cancer: a pilot study[J]. Journal of Gynecologic Oncology, 2015(26): 62 -67.

[90] Scheib S A, Fader A N. Gynecologic robotic laparoendoscopic single - site surgery: prospective analysis of feasibility, safety, and technique[J]. American Journal of Obstetrics & Gynecology, 2015,212(179): 1 -8.

[91] De U. Evolution of cholecystectomy: a tribute to carl august langenbuch[J]. Indian Journal of Surgery, 2004,66: 97 -100.

[92] Oshiro E O, Fernández - Represa J A. Current state of digestive system robotic surgery in the light of evidence based medicine [J]. Cir Esp, 2009,85(3):132 -139.

[93] Chapman W H, Young J A, Albrecht R J, et al. Robotic nissen fundoplication: alternative surgical technique for the treatment of gastroesophageal reflux disease[J]. J Laparoendosc Adv Surg Tech A, 2001,11:27 -30.

[94] Melvin W S, Needleman B J, Krause K R. Computer assisted robotic heller myotomy: initial case report[J]. J Laparoendosc Adv Surg Tech A, 2001,11:251 -253.

[95] Weber P A, Merola S, Wasielewski A, et al. Telerobotic-assisted laparoscopic right and sigmoid colectomies for benign disease [J]. Dis Colon Rectum, 2002(45):1689 -1696.

[96] Desai M M, Gill I S, Kaouk J H, et al. Robotic-assisted laparoscopic adrenalectomy[J]. Urology, 2002,60:1104 -1107.

[97] Hashizume M, Shimada M, Tomikawa M, et al. Early experiences of endoscopic procedures in general surgery assisted by a computer - enhanced surgical system[J]. Surg Endosc, 2002, 16:1187 -1191.

[98] Horgan S, Berger R A, Elli E F, et al. Robotic - assisted minimally invasive transhiatal esophagectomy[J]. American Surgeon,2003,69(7):624 -626.

[99] Huda M N,Yu H N,Cang S. Robots for minimally invasive diagnosis and intervention[J]. Robotics and Computer-integrated Manufacture,2016,41:127 -144.

[100] Clark J, Noonan D P, Vitiello V, et al. A novel flexible hyper-redundant surgical robot: prototype evaluation using a single incision flexible access pelvic application as a clinical exemplar [J]. Surg Endosc, 2015, 29:658 -667.

[101] Hoeckelmann Mathias, Rudas Imre J. FIRORINI paolo, current capabilities and development potential in surgical robotics [J]. Int J Adv Robot Syst, 2015, 61: 1 -39.

[102] Camarillo D B, Krummel T M, Salispbury K. Robotic technology in surgery: past, present, and future[J]. The American Journal of Surgery, 2004,188: 2S -15S.

[103] Gawande A. Two hundred years of surgery[J]. The New England Journal of Medicine, 2012,366: 1716 -1723.

[104] 郭发,勇梅涛,赵江海. D-H 法建立连杆坐标系存在的问题及改进[J]. 中国机械工程, 2014,20(25):2710 -2714.

[105] 倪自强,王田,苗刘达. 医疗机器人技术发展综述[J]. 机械工程学报, 2015,13(51):45 -52.

[106] He C, Wang S, Zuo S. A linear stepping endovascular intervention robot with variable stiffness and force sensing[J]. Int J Comput Assist Radiol Surg, 2018,13(5):671 -682.

[107] Morinoto T K, Greer J D, Hawkes E W, et al. Toward the design of personalized continuum surgical robots[J]. Annals of Biomedical Engineering, 2018, 46(10):1522 -1533.

[108] Nguyen P B, Kang B, Bappy D M, et al. Real-time microrobot posture recognition via biplane X - ray imaging system for exter-

nal electromagnetic actuation [J]. International Journal of Computer Assisted Radiology and Surgery, 2018, 13 (11): 1843 – 1852.

[109] Okamoto T, Onda S, Yanaga K. Clinical application of navigation surgery using augmented reality in the abdominal field[J]. Surg Today, 2015, 45(4): 397 – 406.

[110] Yamin M. IT applications in healthcare management: a survey [J]. Int J Inf Tecnol, 2018, 10(4): 503 – 509.

[111] Konietschke R, Hagn U, Nickl M, et al. A robotic system for surgery[J]. Robotics and Automation, 2009 ICRA '09 IEEE International Conference, 2009: 1589 – 1590.

[112] Miao Y M, Jiang Y Y, Peng L M, et al. Telesurgery robot based on 5G tactile internet[J]. Mobile Networks and Applications, 2018, 23(6): 1645 – 1654.

[113] 范俊峰，景奉水，方灶军. 基于视觉传感的焊缝跟踪技术研究现状和发展趋势[J]. 热加工工艺，2017，46(5)：6 – 10，14.

[114] 孔萌，张杰，顾帆，等. 基于线结构光扫描的机器人 GMAW 自适应规划方法[J]. 电焊机，2017，47(11)：41 – 44.

[115] 高向东，莫玲，萧振林，等. 微间隙焊缝磁光成像卡尔曼滤波跟踪算法[J]. 机械工程学报，2016，52(4)：67 – 72.

[116] Fang Z J, Xu D, Tan M. Visual seam tracking system for butt weld of thin plate [J]. Int J Adv Manuf Technol, 2010, 49: 519 – 526.

[117] 邹焱飚，周卫林，王研博. 基于概率连续模型的激光视觉焊缝自动跟踪[J]. 机械工程学报，2017，53(10)：71 – 77.

[118] Muhammad J, Altun H, Abo – Serie E. A robust butt welding seam finding technique for intelligent robotic welding system using active laser vision [J]. Int J Adv Manuf Technol, 2018, 94: 13 – 29.

[119] 顾冬霞,吕学勤,王裕东,等. 基于激光视觉的焊缝特征提取研究综述[J]. 机械制造文摘(焊接分册),2017(5):38-45.

[120] Guo B, Shi Y H, Yu G Q, et al. Weld deviation detection based on wide dynamic range vision sensor in MAG welding process [J]. Int J Adv Manuf Technol,2016,87:3397-3410.